MISSION: RETTET DIE ELEFANTEN

Der Elefant genießt das erfrischende Wasser im Samburu-Nationalreservat in Kenia. Elefanten kehren zu ihren bevorzugten Wasserlöchern zurück, um zu trinken, sich abzukühlen und zu spielen.

MISSION: RETTET DIE ELEFANTEN

Alles über Elefanten und wie man sie retten kann

ASHLEE BROWN BLEWETT MIT DANIEL RAVEN-ELLISON, EXPLORER BEI NATIONAL GEOGRAPHIC

NATIONAL GEOGRAPHIC KIDS

INHALT

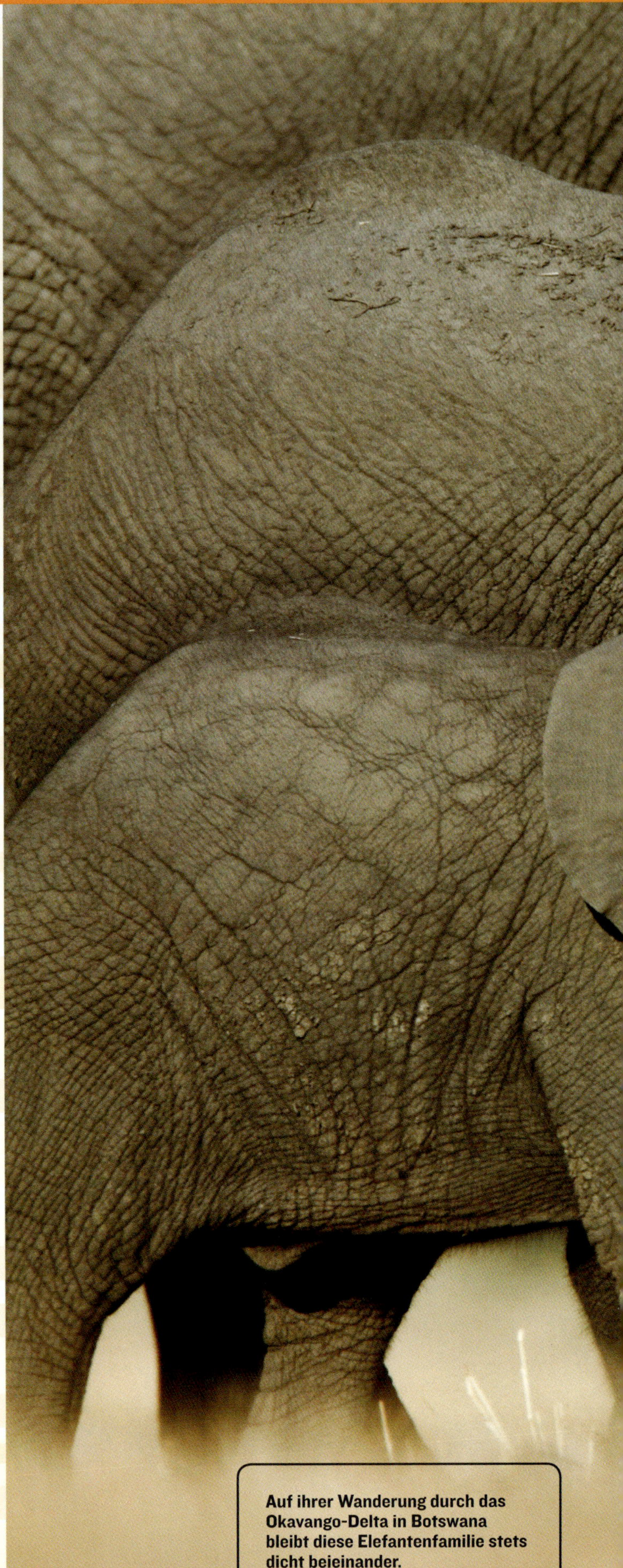

Auf ihrer Wanderung durch das Okavango-Delta in Botswana bleibt diese Elefantenfamilie stets dicht beieinander.

NATIONAL GEOGRAPHIC KIDS

MISSION: RETTUNG DER TIERE

Rettet die TIERE >>
Rettet die WELT

Unsere Reihe *Mission: Rettung der Tiere* enthält Bücher, Reportagen im Magazin *National Geographic Kids*, Internet-Infos – und Videos! Mehr dazu findest du auf der Webseite: *kids.nationalgeographic.com/mission-animal-rescue*

>> VORWORT

MISSION: RETTUNG DER TIERE

Wir von National Geographic wissen, dass auch dir Tiere sehr am Herzen liegen. Sie bereichern unseren Planeten – und unser Leben. Viele Tiere unserer Erde sind in Gefahr, da ihr Lebensraum verloren geht und sie vom Menschen gejagt oder auf andere Weise bedroht werden. Der Verlust dieser Tiere ist ein Verlust für die Menschheit. Mit ihnen teilen wir diesen Planeten und sie verdienen unseren Schutz.

Mit deiner Hilfe können wir Tiere retten – es bedarf eines ganzen Netzwerkes helfender Hände. Wir müssen der Tierwelt zur Seite stehen!

Die Bücher der Reihe *Mission: Rettung der Tiere* stellen Rettungsaktionen extra für Kinder vor. Online kannst du unter *kids.nationalgeographic.com/mission-animal-rescue* Mitglied einer Kinder-Community werden, die Tieren helfen will. Hier gibt es u. a. Videos über Tierrettungen, Chats mit Tierschützern (Explorers) von National Geographic. Besonders spannend sind Geschichten über Tierrettungsaktionen im National Geographic Kids-Magazin.

Wir teilen unsere Erde mit den Tieren. Wenn wir ihnen helfen, helfen wir auch unserem Planeten und schützen unsere Zukunft. Gemeinsam schaffen wir es!

—Daniel Raven-Ellison, *Guerrilla-Geograf und Explorer bei National Geographic*

National Geographic Society ist eine gemeinnützige Organisation. Mit dem Nettoerlös unterstützt sie wichtige Maßnahmen zur Erkundung, Erhaltung und Erforschung von Natur und Tierwelt sowie Bildungsprogramme. Die Einnahmen aus diesem Buch fließen in die Bemühungen der National Geographic Society, Tiere und ihren Lebensraum zu schützen. Sei es der Bau von Bomas für Großkatzen, das Beobachten der Kommunikation zwischen Elefanten oder die Erkundung der Wildnis zum besseren Verständnis der tierischen Lebensräume – die Programme von National Geographic helfen bei der Rettung der Tierwelt. Auch dir danken wir für dein Interesse und deinen Einsatz in dieser Sache.

EINLEITUNG

HILF MIT BEI DER RETTUNG DER ELEFANTEN

Hast du schon einmal das laute Trompeten eines Elefanten gehört, in einem Dokumentarfilm oder vielleicht sogar live? Der wilde Ruf ist wirklich eindrucksvoll. Elefanten sind soziale Lebewesen, so wie wir Menschen auch. Über viele Töne und Gesten kommunizieren sie ständig mit ihren Artgenossen. Sie rufen einander Nachrichten zu – ein simples „Los geht's" oder ein lebenswichtiges „Hilfe!"

Die Geschichte der Beziehung zwischen Elefanten und Menschen ist lang und kompliziert. Elefanten spielen seit Jahrtausenden eine wichtige Rolle in der menschlichen Kultur. Manche antiken Zivilisationen brachten ihnen großen Respekt entgegen und verehrten sie als religiöse Wesen. Trotzdem nahmen sie Elefanten gefangen und zähmten sie. In manchen Großstädten stellte man Elefanten zur Schau, andernorts wurde ihnen das Lastenschleppen oder Befördern von Soldaten antrainiert.

Heute werden Elefanten nicht mehr als Kriegstiere missbraucht. Doch sie tragen neue Kämpfe aus und erleiden häufig Misshandlungen. Elefanten werden aus der Wildnis entführt und müssen Touristen durch Nationalparks tragen oder bei religiösen Paraden durch Städte marschieren. Und ihre Situation verschlechtert sich. Elefanten werden von den menschlichen Siedlungen immer weiter zurückgedrängt und Tausende fallen jährlich den Elfenbeinjägern zum Opfer.

Elefanten brauchen unsere Hilfe. Überall auf der Welt verbreiten Wissenschaftler, Naturschützer und Menschen wie du die Botschaft über das gefährdete Schicksal der Elefanten und die Möglichkeiten zu ihrer Rettung. Je mehr wir sind, desto erfolgreicher können wir diese majestätischen Tiere beschützen.

Jedes Kapitel dieses Buches endet mit einer Rettungsaktion. Dabei erfährst du noch mehr über Elefanten und ihren täglichen Überlebenskampf sowie darüber, wie du die Nachricht über das Schicksal von Elefanten verbreiten kannst. Trompete auch du so laut wie ein Elefant! In diesem Buch erfährst du, wie du dir Gehör verschaffst. Gemeinsam retten wir die Elefanten!

DIE HOHE NACHFRAGE NACH GESCHNITZTEN KULTFIGUREN UND SCHMUCKSTÜCKEN AUS ELFENBEIN IST DIE HAUPTURSACHE FÜR DIE HEUTIGE WILDEREI VON ELEFANTEN.

DER SCHWERSTE STOSSZAHN EINES AFRIKANISCHEN ELEFANTEN WOG 102,7 KG.

Eine Elefantenherde sammelt sich in der Prärie. Elefanten sind soziale Lebewesen und gerne unter ihresgleichen.

MIT DEN AUGEN EINES ELEFANTEN

Zongoloni stellt ihre Ohren auf und lauscht in die Dunkelheit. Hyänen heulen und fernes Löwengebrüll hallt durch die heiße, trockene Savanne in Kenia. Schnell läuft das kleine, tapfere Elefantenjunge zu seiner Mutter zurück und schubst sie an, damit sie endlich aufsteht. Vor fast zwei Tagen ist Zongolonis Mutter im stacheligen Dickicht zusammengebrochen. Zongoloni hat Angst, sie ist hungrig und durstig. Doch ihre Mutter hat keine Kraft mehr.

KNAPP ENTKOMMEN

Vor zwei Wochen hatten Wilderer Zongolonis Mutter in die Schulter geschossen. Sie sind hinter den Stoßzähnen ausgewachsener Elefanten her, für die Kriminelle eine Menge Geld zahlen. Sie kaufen das Elfenbein illegal und lassen Schmuck oder Figuren daraus schnitzen, die sie dann teuer verkaufen.

Zongoloni und ihre Mutter konnten den Wilderern zwar knapp entkommen, doch die Verwundung ist tief. Die Elefantenmutter wurde immer schwächer, bis sie schließlich zusammenbrach. Sie wird bald sterben.

Ohne den Schutz und die nahrhafte Milch ihrer Mutter wird Zongoloni, erst 18 Monate alt, nicht überleben können. Zum Glück entdecken Männer einer

Gierig reckt Zongoloni ihr Maul nach der Milchflasche, die ihr der Pfleger hinhält.

nahe gelegenen Ranch, die gerade auf Patrouille sind, die verwundete Elefantenmutter und holen Hilfe.

DA KOMMT HILFE

Mehrere Männer in grünen Overalls treffen ein. Sie arbeiten für den Kenya Wildlife Service und den David Sheldrick Wildlife Trust, eine Organisation zum Schutz der Wildtiere. Gemeinsam bekämpfen sie die Wilderei.

Die freundlichen Männer nähern sich Zongoloni, doch das aggressive Kälbchen will seine sterbende Mutter tapfer beschützen. Ein Mann schießt Zongoloni einen rosafarbenen Medizinpfeil in die Flanke. Einige Minuten später legt sie sich neben ihrer Mutter nieder und schläft ein.

Die Männer hieven den schlaffen, schweren Körper des kleinen Elefanten auf die Ladefläche ihres Trucks. Nach kurzer, ruckeliger Fahrt erreichen sie ein Flugzeug auf einer Landepiste. An Bord erhält das dehydrierte Kälbchen lebensrettende Flüssigkeit und kaum eineinhalb Stunden später landen sie bei Zongolonis neuem Zuhause: Es ist das Elefanten-Waisenhaus des David Sheldrick Wildlife Trust im Nairobi-Nationalpark, Kenia.

EIN NEUER ANFANG

Zongoloni ist wegen der Medizin noch etwas wackelig auf den Beinen, als sie von einem Pflegerteam in ihr Holzgehege geführt und mit einer Flasche Milch gefüttert wird. Drei weitere verwaiste Elefantenkinder namens Vuria, Faraja und Jasiri trotten herüber. Mit sanftem Gebrumm begrüßen sie den Neuankömmling.

Die anderen Elefantenwaisen scheinen das verängstigte Kalb beruhigen zu wollen. Als jedoch die Wirkung des Medikaments nachlässt, wird Zongoloni gegenüber den Pflegern aggressiv und greift jeden an, der sich ihr nähern will. Sie hält wohl jeden Menschen für so gefährlich wie die Wilderer, die ihre Mutter erschossen haben.

In den folgenden Tagen trauert Zongoloni um ihre tote Mutter, so wie wir um einen geliebten Menschen trauern. Sie attackiert weiter die Pfleger, doch sie können das Elefantenkind zumindest zum Fressen bewegen. Zongoloni knabbert an den Blättern der Zweige im Gehege und trinkt Milch aus einem Eimer, den ihr die Pfleger dicht ans Gitter stellen.

Jeden Morgen begrüßen die Elefantenwaisen Zongoloni. Aufmerksam beobachtet sie, wie die anderen aus großen Milcheimern schlürfen, die ihnen die Pfleger hinhalten. Ob Zongoloni versteht, dass es keine gefährlichen Wilderer, sondern fürsorgende Menschen sind? Zongoloni beobachtet die Elefantenwaisen, wie sie in einer Reihe zweimal täglich den Pflegern auf die Wiesen und ins Dickicht folgen und immer wieder heil und gesund zurückkehren.

Endlich, fast zwei Wochen nach ihrer Ankunft im Waisenhaus, geht Zongoloni nicht mehr auf die Pfleger los. Sie akzeptiert die Flaschenmilch und darf ihr Gehege verlassen, um den anderen Elefantenkindern in den Wald zu folgen, wo sie ihr mittägliches Schlammbad im Wasserloch einnehmen.

Anfangs befürchten die Pfleger, dass Zongoloni davonlaufen könnte, doch zu deren Überraschung fügt

(Oben) Die Retter versuchen Zongoloni zu beruhigen. (Ganz oben rechts) Zongoloni spielt mit ihren neuen Freunden. (Rechts) Besucher schauen zu, wie Pfleger die jungen Elefanten mit der Flasche füttern.

sie sich rasch in die Routine ein. Der Neuankömmling hat jetzt verstanden, dass die Pfleger sich um ihn kümmern und ihn beschützen. In dieser Nacht bringt man Zongoloni in einen neuen Stall. Ein Pfleger hüllt sie in eine Decke, legt sich neben sie und weckt sie alle paar Stunden, um den kleinen Dickhäuter zu füttern und zu beruhigen.

Von Tag zu Tag fühlt sich Zongoloni wohler bei den Pflegern und ihren neuen Elefantenfreunden. Schon bald tobt sie mit den anderen Waisen im Wasserloch, als ob sie sich schon immer kennen würden. Gemeinsam verjagen sie fröhlich die Impalas und Warzenschweine vom Wasserloch. Zongoloni wirft ihren Kopf zurück und rennt mit ihren Kumpanen fröhlich lärmend durchs Gebüsch.

Auf tragische Weise verlor Zongoloni ihre Mutter und wurde von Menschen gerettet. Nun jedoch wurde sie von einer neuen Elefantenfamilie adoptiert. Die Älteren werden ihr alles beibringen, was sie von ihrer Mutter gelernt hätte. Und eines Tages, wenn Zongoloni selbstständig ist, wird sie wild brüllend durch die Savanne im Süden Kenias streifen.

DER DAVID SHELDRICK WILDLIFE TRUST RETTET AUCH VERWAISTE NASHÖRNER UND ZIEHT SIE GROSS.

KAPITEL 1

GRAUE GIGANTEN

„ELEFANTEN BESITZEN PERSÖNLICHKEIT. SIE SIND AFRIKAS FREUNDLICHE GIGANTEN."

—**DERECK JOUBERT**, EXPLORER VOR ORT FÜR NATIONAL GEOGRAPHIC

Dieser große Afrikanische Elefant hat einen abgebrochenen Stoßzahn. Seine breit gestellten Ohren signalisieren, dass er nicht glücklich ist.

Elefanten zählen zu den letzten echten Riesen unserer Erde. Die grauen Giganten streifen durch offene Savannen, erkunden dichte Wälder und durchqueren Sandwüsten. Es sind die größten lebenden Landtiere unseres Planeten. Kein anderes Tier traut sich in ihre Nähe.

RIESEN AN LAND

Ein ausgewachsener Elefantenbulle ist viel schwerer als das weiße Rhinozeros – das zweitgrößte Landtier – ganze 3630 kg schwerer. Alles ist riesig – von seiner Körpergröße bis zum Einfluss auf seinen Lebensraum.

Elefanten gehören zur Familie der *Elephantidae*, den einzigen noch lebenden Vertretern der Rüsseltiere. Drei Elefantenarten gibt es heute noch: den Afrikanischen Steppenelefanten (*Loxodonta africana)* und den Waldelefanten (*Loxodonta cyclotis*) in Afrika sowie den Asiatischen Elefanten (*Elephas maximus*) in Asien. Bis auf kleine Unterschiede ähneln sie sich sehr.

Elefanten sind Säugetiere, d. h. sie haben ein Fell und ihre Körpertemperatur ist stets gleich warm. Das Weibchen gebärt lebende Junge und säugt sie mit seiner selbst produzierten Milch. Ein Elefantenbaby ist bei der Geburt so schwer wie ein ausgewachsener Mann und von Jahr zu Jahr wird es größer und stärker.

MÄCHTIGE DICKHÄUTER

Wilde Elefanten werden bis zu 70 Jahre alt. Die ältesten und größten Bullen sind 4 Meter hoch und wiegen fast 5900 Kilogramm – wie zwei übereinander gestapelte Jeeps! Elefantenkühe können eine Höhe von 3 Metern erreichen, sie sind nur halb so schwer wie die Bullen. Doch selbst ein weiblicher Elefant kann ein anderes Tier – oder einen Menschen – mit einem

EIN ELEFANT KANN PRO ZUG BIS ZU 8 LITER WASSER IN SEINEN RÜSSEL SAUGEN.

Der Elefant ist zum Angriff bereit – Schüsse von Wilderern haben ihn aufgeschreckt.

>> WO DIE ELEFANTEN LEBEN

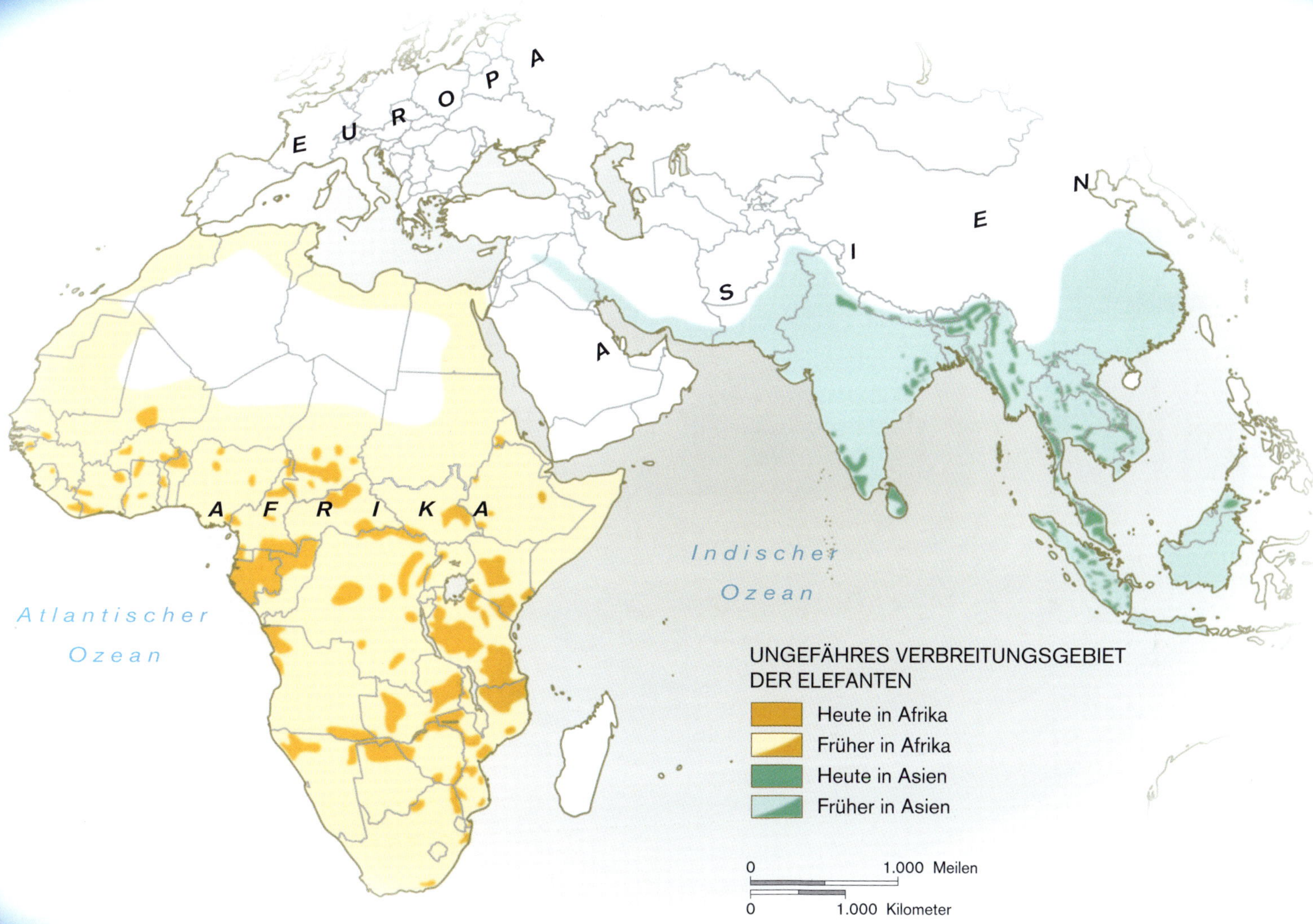

BEGEGNE EINEM ELEFANTEN

BAHATI, DER WÜSTENELEFANT

Bahati gehört einer in Afrika einzigartigen Elefantenpopulation an: den Wüstenelefanten von Mali. Weniger als 400 Elefanten leben dort am Südrand der Sahara, bei extremen Temperaturen, heftigen Sandstürmen und schwindender Futter- und Wasserversorgung. Um in dieser rauen Umgebung zu überleben, ziehen die Elefanten fortwährend von einem Wasserloch zum nächsten. Sie folgen alten Pfaden, die für ihr Überleben wesentlich sind. Auch Bahati trägt seinen Teil dazu bei, damit die Pfade erhalten bleiben.

Im Rahmen einer Forschungsstudie haben Wissenschaftler Bahati und acht weitere Elefanten mit GPS-Halsbändern ausgestattet, die ihre Bewegungen durch die sandigen Landschaften verfolgen. Traditionell war die Beziehung der Wüstenelefanten von Mali mit den Viehhirten, die an ihrer Seite lebten, von friedlicher Natur. Doch als immer mehr Menschen das Gebiet bevölkerten, kam es zu Störungen und Unterbrechungen der Elefantenpfade. Mit den Informationen aus Bahatis GPS-Halsband hofft man Lösungen zu finden, wie Menschen und Elefanten auch weiterhin in Frieden zusammenleben können, ohne dass der seit Jahrtausenden bestehende Lebensraum der nördlichsten Elefantenpopulation Afrikas zerstört wird.

ELEFANTEN KÖNNEN NICHT RENNEN, ABER SEHR SCHNELL LAUFEN. SIE ERREICHEN BIS ZU 40 KM/H.

Noch etwas wackelig steht Bahati wieder auf den Beinen, nachdem ihn die Forscher betäubt und ein neues GPS-Band angebracht haben.

einzigen mächtigen Beintritt töten. Einen Elefanten magst du nicht zum Feind haben.

Sein bulliger Körperbau ist einzigartig, doch noch zwei weitere Merkmale unterscheiden den grauen Riesen von anderen Tieren: seine Stoßzähne und sein Rüssel. Die Stoßzähne sind überlange Schneidezähne, die von Elefanten als Werkzeuge eingesetzt werden, um Rinde von Bäumen zu schälen oder Wurzeln auszugraben. Außerdem dienen sie den Dickhäutern als gefährliche Waffe, wenn sie von Feinden angegriffen werden.

Der Elefantenrüssel ist quasi eine Verschmelzung von Nase und Oberlippe. Der bis zu zwei Meter lange Rüssel eines ausgewachsenen Elefanten wiegt rund 136 kg. Das klingt wie eine unbequeme Last für den Elefanten, doch tatsächlich ist der Rüssel sein wertvollstes Werkzeug. Die Hauptfunktion des Rüssels ist das Atmen. Daneben nutzen die Elefanten ihre Rüssel

RETTUNG DER TIERE!

SEI DU EIN WISSENSCHAFTLER

Träumst du davon, ein Wissenschaftler zu sein? Jetzt hast du die Gelegenheit dazu! 2011 haben die Elefantenforscher Joyce Poole und ihr Partner Petter Granli mit ihrer Organisation ElephantVoices („Elefantenstimmen") ein cooles Hightech-Projekt ins Leben gerufen. Ziel ist der Aufbau einer Community von Leuten, denen Elefanten am Herzen liegen. Menschen und Elefanten der Masai Mara in Kenia werden dabei verknüpft. Mit der Mara EleApp auf dem Smartphone kann jeder dazu beitragen, wissenschaftliche Daten zu den Elefanten der Masai Mara zu sammeln.

Die Idee ist simpel: Menschen fotografieren mit ihren Handys Elefanten, die sie in der Masai Mara sehen, und notieren z. B., wie viele Elefanten vor Ort sind, ob es sich um eine Familie oder eine rein männliche Herde handelt, was sie tun und ob es Verletzte gibt. Das Handy erfasst Datum, Ort und Uhrzeit. Dann loggt man sich auf der ElephantVoices-Webseite ein und überträgt die Daten, damit die Elefanten auf den Fotos identifiziert werden können. Mithilfe der Informationen können Joyce und ihr Team die Bedürfnisse der Dickhäuter in ihrem Lebensraum erkennen und werden vor potenziellen Bedrohungen gewarnt. Bisher wurden mit der EleApp über 1100 Mara-Elefanten erfasst. Das Projekt ist so erfolgreich, dass Joyce und Petter es auf ein neues Gebiet ausgeweitet haben: den Gorongosa-Nationalpark in Mozambique.

Du brauchst aber nicht nach Afrika reisen, um mitzumachen. Logge dich einfach auf der Webseite ein und verfolge die Mara-Elefanten – gegen eine Gebühr darfst du sogar einem Elefanten einen Namen geben. Dadurch unterstützt du das Projekt finanziell.

Drei Morani, junge Massai, nutzen die EleApp, um damit Daten über Elefanten zu sammeln.

ElephantVoices findest du unter www.elephantvoices.org

wie wir Menschen unsere Arme. Sie pflücken damit Gras und Blätter zum Fressen, saugen Wasser auf und gießen es in ihr Maul, heben schwere Gegenstände in die Luft, kratzen sich und umarmen sogar ihre Artgenossen. Außerdem verständigen sich Elefanten mit ihren Rüsseln untereinander und teilen sich wichtige Informationen über ihre Umgebung mit.

MEGA PFLANZENFRESSER

Elefanten sind Pflanzenfresser, d. h. sie ernähren sich von Gras und Blättern, Wurzeln, Zweigen, Baumrinde und Früchten. Zur Futtersuche und beim Fressen kommt eine spezielle Technik zum Einsatz, bei der Füße, Rüssel, Stoßzähne und Maul aufeinander abgestimmt sind. Sie drücken z. B. Bäume mit ihrem massigen Körper zur Seite, spalten mit den Stoßzähnen Palmenherzen (eine Leibspeise) und zermalmen Früchte, Äste und Blätter mit ihren breiten, flachen Zähnen.

Es ist sehr viel Nahrung nötig, um den gigantisch großen Elefantenmagen zu füllen. Ein ausgewachsener Elefant frisst 136 kg oder mehr am Tag! Kein Wunder, dass Elefanten die meiste Zeit nur am Fressen sind. Um ausreichend gesundes Futter zu finden, legen Elefanten weite Strecken zurück. Unterwegs grasen und knabbern sie an Pflanzen. Für das Ökosystem spielen Elefanten eine immens wichtige Rolle.

DER ELEFANT – EINE SCHLÜSSELART

Elefanten sind die Gärtner der Savannen. Indem sie Bäume niederbrechen, schaffen sie in ihren Lebensräumen freie Flächen, auf denen Gras wachsen kann. Weidetiere wie Zebras, Antilopen und Büffel grasen hier. Ohne Elefanten in der Savanne würde kein anderes Großtier für diese wichtige Nahrungsquelle sorgen können. Diese Situation ergab sich in den 1970er-Jahren im Queen-Elizabeth-Nationalpark in Uganda, als die Elefantenpopulation von etwa 4000 auf wenige Hundert zurückging. Bäume und Sträucher überwucherten den Park und verdrängten das Gras. Weidetiere wie die Riesenwaldschweine und Antilopen verschwanden infolgedessen aus dem Gebiet.

In Wäldern spielen Elefanten eine etwas andere Rolle. Durch ihr Umbrechen von Bäumen schaffen sie Pfade, die andere Tiere wie Gorillas und Sitatungas (eine kleine Antilopenart) bei ihren Futterstreifzügen durch den Wald nutzen. Des Weiteren fressen Elefanten die Früchte des Waldes. Die großen, harten Samen weichen in ihrem Magen auf. Sie werden wieder

ANIMAL SUPERPOWERS — POWER-SCHNÜFFLER

DIE ADERN DER ELEFANTENOHREN BILDEN EINZIGARTIGE MUSTER, DIE MIT BLOSSEM AUGE SICHTBAR SIND. WIE UNSER FINGERABDRUCK ÄHNELT AUCH KEIN ELEFANTENOHR DEM ANDEREN.

Ein Afrikanischer Elefant schabt im Wald mit seinen Stoßzähnen die Rinde vom Baum.

Elefanten schaffen sich im dichten Wald ein wahres Netz aus Pfaden und Lichtungen.

ausgeschieden und von anderen Tieren gefressen. Aus manchen Samen wachsen aber auch neue Bäume, die wegen besonderer Nährstoffe im Elefantendung schneller wachsen. Ohne Elefanten könnte sich manche wichtige Baumart nicht fortpflanzen, die Struktur der Wälder würde sich für immer ändern.

Nur ein weiteres Lebewesen hat einen mindestens ebenso großen Einfluss auf sein Habitat wie der Elefant: der Mensch.

MENSCHEN VERSUS ELEFANTEN

Moderne Maschinen machen es den Menschen leicht, Bäume zu fällen und breite Schneisen in die Savannen und Wälder zu schlagen. Die Bevölkerung wächst und breitet sich weiter aus und Landschaften werden gerodet, damit der Mensch mehr Platz für sich hat. Dies bringt die Elefanten in Bedrängnis, die sehr viel Raum zum Überleben brauchen. *(Fortsetzung auf S. 26)*

>> ELEFANTEN IM FOKUS

SCHLAUE KREATUREN

Man hat Elefanten dabei beobachtet, wie sie sich einfacher Werkzeuge bedienen, um eine knifflige Lage zu bewältigen.

Wenn es juckt, kratzen sie sich an einem Baum ...

Sie verwandeln Äste in Fliegenklatschen.

Sie drehen Grasbüschel zu Tupfern und säubern damit ihre verschmutzten Gehörgänge.

... und mit Stöckchen entfernen sie Zecken von der Haut.

EXPLORER-INTERVIEW

JOYCE POOLE

GEBOREN: FRANKFURT, DEUTSCHLAND; AUFGEWACHSEN IN AFRIKA; AMERIKANISCHE STAATSBÜRGERIN
BERUFLICHE TÄTIGKEIT: MITBEGRÜNDERIN & KO-DIREKTORIN VON ELEPHANTVOICES
ORT DER TÄTIGKEIT: IL MASIN UND MASAI MARA, KENIA; GORONGOSA, MOSAMBIK; SANDEFJORD, NORWEGEN
JAHRE DER ARBEIT MIT ELEFANTEN: 38
MONATE PRO JAHR VOR ORT: 6

Was ist Ihr Beitrag zur Rettung der Elefanten?
Früher war ich die ganze Zeit vor Ort. Ich studierte das Verhalten von Elefanten, sammelte Daten und schrieb Berichte. Seit 2002 leite ich zusammen mit meinem Mann und Kollegen Petter Granli eine kleine Organisation, ElephantVoices genannt. Wir haben uns zum Ziel gesetzt, auf die Einzigartigkeit dieser wunderbaren Geschöpfe aufmerksam zu machen und ihnen durch unsere Forschung und die Verbreitung unseres Wissens zu einer besseren Zukunft zu verhelfen. Das ist es eigentlich, was ich tue – sei es vor Ort, bei Vorträgen, im Gespräch mit den Medien oder im Büro am Computer.

Was lieben Sie an Ihrer Arbeit?
In der Nähe von Elefanten zu sein und mein Wissen über sie mit anderen zu teilen.

Was reizt Sie am meisten an der Arbeit vor Ort?
Ich liebe es einfach, Elefanten zu beobachten. Sie sind höchst soziale Lebewesen, unglaublich intelligent und so komplex, sodass ich täglich Neues über sie erfahre.

Was mögen Sie gar nicht an Ihrer Arbeit vor Ort?
Stundenlang im heißen Auto zu sitzen, kann unbequem werden, und wegen einer Autopanne irgendwo zu stranden, ist frustrierend.

Wie kann man sich als Kind auf Ihren Job vorbereiten?
Meine Arbeit besteht aus viel mehr als nur aus Abenteuer, selbst wenn es so scheint. Man sollte Biologie oder ein ähnliches Fach an der Universität studieren. Außerdem braucht man wahre Leidenschaft und Elan für das, was man tut.

UNVERGESSLICHER MOMENT

Es ist mir gelungen, eine Beziehung zu einem wilden Elefanten aufzubauen, den ich Vladimir nannte und berühren durfte. 12 Jahre später erinnerte er sich noch an mich. Das hat mich tief bewegt.

Drei Elefanten auf ihrem Weg durch die Savanne. Elefanten sind den Großteil des Tages in Bewegung und wandern zu ihren bevorzugten Futterstellen.

Die Größe eines Elefantenreviers variiert zwischen 100 bis 11.000 km^2. Wenn sich Menschen im Einzugsgebiet von Elefanten niederlassen, blockieren sie deren Pfade zwischen wichtigen Futter- und Wasserstellen. Manchmal kommt es zu Konflikten, die auf beiden Seiten, Menschen und Elefanten, zu Verletzungen oder zum Tod führen können.

Alle Elefanten sind ernsthaft und langfristig vom Verlust ihres Lebensraumes bedroht. Doch die meisten sind weltweit noch einer anderen, weitaus konkreteren Gefahr ausgesetzt: der Wilderei, also dem illegalen Jagen und Töten von Tieren. Das Problem existiert seit vielen Jahren, doch nie war die Situation dramatischer als jetzt. Im Jahr 1900, so schätzt man, bevölkerten Millionen von Elefanten Afrika und Asien. Heute gibt es auf der ganzen Erde nur noch etwa 400.000 bis 500.000. Das erscheint viel, doch wenn nichts gegen die Wilderei getan wird, geht ihr Sterben weiter.

Zum Glück wird der Hilferuf des Elefanten gehört. Viele Menschen setzen sich weltweit für die Rückgewinnung ihrer Lebensräume ein und schützen die grauen Riesen vor Jägern und Wilderern. Auch du kannst helfen – und zwar jetzt. Elefant und Mensch können gemeinsam existieren. Elefanten brauchen unsere Hilfe!

Ein Asiatischer Elefant beim Überqueren einer Straße, die durch das Gibbon-Wildlife-Reservat in Assam, Indien, führt.

EIN KLEINES, KATZENGROSSES SÄUGETIER NAMENS HYRAX IST DER ENGSTE LEBENDE VERWANDTE DES ELEFANTEN.

Ein Zug kreuzt das Gibbon-Wildlife-Reservat in Assam, Indien.

>> RETTUNGS-AKTIONEN

DU KANNST HELFEN, SIE ZU RETTEN

Elefanten brauchen unsere Hilfe. Zu viele werden gewildert, aus ihren natürlichen Lebensräumen vertrieben und misshandelt. Diese Tiere können nicht für sich selbst sprechen – und sie geraten zu oft aus unserem Blickfeld, werden vergessen. Wenn du dieses Buch gelesen hast, wirst du mehr über Elefanten wissen als die meisten Menschen. Dieses Wissen verleiht dir Kraft, um auf die Probleme der Elefanten aufmerksam zu machen. Nutze die Chance und organisiere deine eigene Kampagne, um Leben und Lebensraum von Elefanten zu retten.

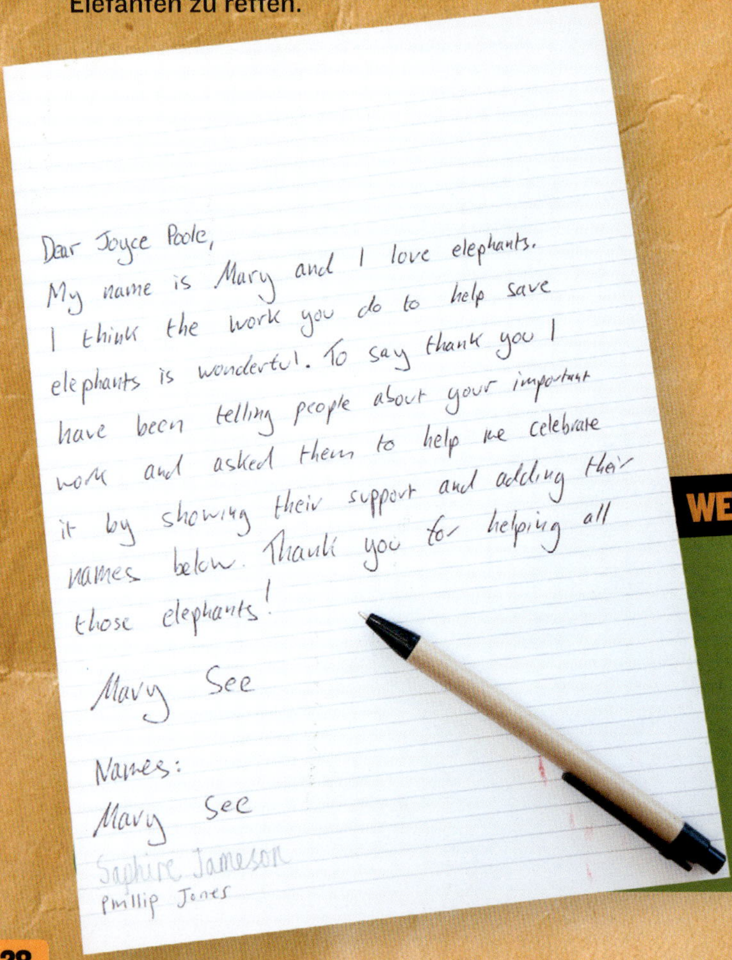
Dear Joyce Poole,
My name is Mary and I love elephants.
I think the work you do to help save
elephants is wonderful. To say thank you I
have been telling people about your important
work and asked them to help me celebrate
it by showing their support and adding their
names below. Thank you for helping all
those elephants!

Mary See

Names:
Mary See
Saphire Jameson
Phillip Jones

SEI KREATIV

STELLE EINE PETITION AUF DIE BEINE.

EINE PETITION IST EIN FORDERNDES SCHREIBEN AN JEMANDEN, DER DIE MACHT HAT, DINGE ZU ÄNDERN. Normalerweise werden Petitionen von einer großen Anzahl Menschen unterschrieben. So zeigt man, dass viele dieses Anliegen unterstützen.

DU KÖNNTEST EINEN BRIEF AN DEN PRÄSIDENTEN ODER BOTSCHAFTER EINES LANDES SCHREIBEN, AN EINEN LOKALPOLITIKER ODER GESCHÄFTSMANN. Erläutere die Probleme, denen Elefanten ausgesetzt sind, aber zeige auch ein paar Lösungswege auf.

ODER DU SCHREIBST EINEN BRIEF AN EINEN ENGAGIERTEN TIERRETTER UND BIETEST DEINE UNTERSTÜTZUNG AN. Sie werden bestimmt deine Nachricht sehr schätzen.

WERDE AKTIV

SAMMLE SO VIELE UNTERSCHRIFTEN, WIE DU KANNST.

BITTE SO VIELE LEUTE WIE MÖGLICH, DEINE PETITION ZU UNTERZEICHNEN. Je mehr Unterschriften du hast, desto stärker ist die Wirkung deiner Petition.

ALS GRUPPE ODER IN MEHREREN KLEINEN TEAMS KÖNNT IHR VIEL MEHR UNTERSCHRIFTEN SAMMELN. Sucht euch

VERSCHICKE DEINE PETITION!

WENN DU EINE LANGE LISTE MIT NAMEN GESAMMELT HAST, SOLLTEST DU DEINE PETITION VERSCHICKEN. E- Mails sind schnell und billig, doch es gibt wirkungsvollere Wege, um sich Gehör zu verschaffen.

VERSUCHE DEINE PETITION PERSÖNLICH ZU ÜBERREICHEN. Vielleicht musst du dafür ein Treffen vereinbaren, was mehr Zeit und Geduld erfordert, doch es ist viel effektiver. So hast du die Chance, mit der Person, an die sich deine Petition richtet, persönlich zu sprechen.

SCHICKE NICHT NUR EINEN BRIEF. Schicke VIELE Briefe, bis man dich bemerkt, z. B. täglich einen Brief oder einen ganzen Schwung auf einmal. Oder du schickst Briefe an viele verschiedene Personen gleichzeitig. Denke im großen Maßstab, dann ist die Chance größer, dass deine Botschaft tatsächlich ankommt.

EXPERTENTIPPS

Mit diesen Tipps machst du das Beste aus deiner Petition:

1. Mache beim Sammeln von Unterschriften auf dich aufmerksam, z. B. mit einem großen Plakat oder mit mutigen, klaren Aussagen.
2. Beteilige dich an einer Petition, die jemand anderes bereits gestartet hat. Zusammen könnt ihr sogar noch mehr erreichen.
3. Du kannst beim Sammeln der Unterschriften auch um Geldspenden bitten und damit gemeinnützige Aktionen unterstützen, die sich weltweit um Elefanten kümmern.

einen öffentlichen Platz in der Nähe, an dem ihr Passanten ansprechen und über Elefanten berichten könnt. Wenn sie euer Engagement gut finden, bittet sie um ihre Unterschrift.

STELLE DEINE PETITION ONLINE, DAMIT SIE SICH WIE EIN VIRUS VERBREITET! In manchen Ländern kann man Petitionen direkt an die Regierung richten. Bei genügend Unterstützern erhältst du eine Antwort oder dein Anliegen wird sogar diskutiert.

KAPITEL 2

LAND DER ELEFANTEN

Elefantenherde beim Durstlöschen an einem Wasserloch im Okavango-Delta, Botswana.

„ELEFANTEN SIND WIE **MENSCHEN,** SIE HABEN VERSCHIEDENE **PERSÖNLICHKEITEN.**“

—T. N. C. VIDYA, JAWAHARLAL NEHRU CENTRE FOR ADVANCED SCIENTIFIC RESEARCH (WISSENSCHAFTLICHES FORSCHUNGSZENTRUM)

Vor 60 Millionen Jahren streifte ein kleines Säugetier namens *Eritherium azzouzorum* durch den Norden Afrikas. Es glich eher einem übergroßen Kaninchen als dem heutigen Elefanten, aber *Eritherium* ist tatsächlich sein ältester Vorfahre.

ELEFANTEN HEUTE

Über Jahrmillionen wuchs der Körper des *Eritherium* um ein Vielfaches und seine kurze Schnauze entwickelte sich zu einem langen, biegsamen Rüssel. Schlanke Zähne wuchsen wie Dolche aus seinem Gesicht, bis sich *Eritherium* zu dem riesigen grauen Säugetier entwickelte, das wir heute Elefant nennen.

Mit seinen langen, stämmigen Beinen und dicken Fußsohlen ist der immens schwere Elefant in der Lage, lange Strecken auf rauem Gelände zurückzulegen.

Elefanten-Urahnen der Gattung *Loxodonta* bahnten sich ihren Weg durch die feuchten tropischen Wälder Zentralafrikas. Als sich die Erde erwärmte, verließen manche Herden die Wälder und zogen in die neu entstandenen Savannen des Kontinents. Sie wurden zu den Savannen-Elefanten (*Loxodonta africana*), im Unterschied zu den zurückbleibenden Waldlefanten (*Loxodonta cyclotis*).

Unterdessen war noch eine andere Elefantenart der Gattung *Elephas* in den

DAS HERZ EINES ELEFANTEN WIEGT BIS ZU 21 KG, ETWA SOVIEL WIE EIN VIERJÄHRIGES KIND.

STAMMBAUM DER ELEFANTEN

Die Urahnen der Elefanten bevölkerten die Erde vor Millionen von Jahren. Fortschritte in der Wissenschaft ermöglichen es vielleicht, dass Archäologen in Zukunft noch mehr Elefanten-Vorfahren ausgraben, die vor über 60 Millionen Jahren gelebt haben.

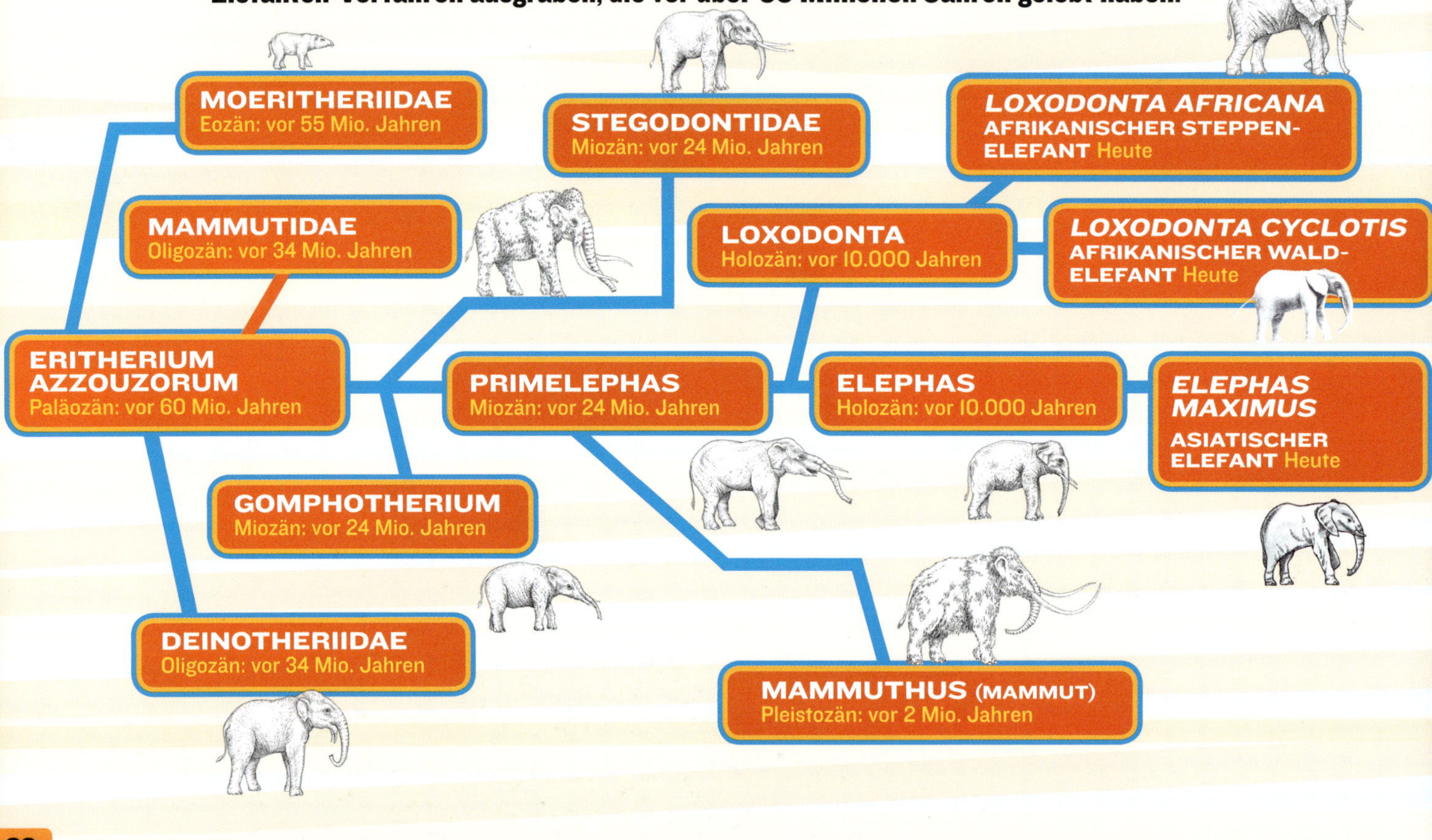

ELEFANTEN IM FOKUS

STARKER KÖRPERBAU

Die Evolution hat über Jahrmillionen die Elefanten für ihre Umwelt gerüstet.

Die Elefantenhaut ist an Rücken, Kopf und Füßen über 2,5 cm dick.

Elefantenzähne sind hart wie Mahlsteine. Damit reißen sie die Äste und Rinde von den Bäumen.

Dicke Polster an den Fußsohlen helfen dem Elefanten dabei, auf unebenem Gelände das Gleichgewicht zu halten.

Der mächtige Rüssel besteht aus rund 150.000 Muskeleinheiten. Er hat keine Knochen und ist das perfekte Werkzeug für vielerlei Aufgaben.

Elefanten verfügen über ein eingebautes Kühlsystem – beim Ohrenwackeln geben die Haut und Blutgefäße Hitze ab.

>> RETTUNG DER TIERE!

MIT ‚SMART' DIE ELEFANTEN RETTEN

Immer mehr Wilderer dringen in die dichten, verschlungenen Urwälder Zentralafrikas vor und haben in nur zehn Jahren über die Hälfte aller dortigen Elefanten getötet. Die bewaffneten Männer sind höchst gefährlich und die Wildhüter (Park Rangers) riskieren jeden Tag ihr Leben im Einsatz gegen die Kriminalität. Das schroffe Gebiet ist riesig und schwer überschaubar. Deshalb hat die Tierschutzspezialistin Emma Stokes das Spatial Monitoring and Report Tool (SMART) mitentwickelt.

Mit der topmodernen Software SMART können die Wildhüter all das, was sie in der Wildnis gerade sehen, mithilfe von Taschencomputern aufzeichnen und in Karten eintragen. Zurück im Hauptquartier des Parks werden die Karten ausgewertet und neue Teams begeben sich gezielt zu den gefährdeten Gebieten. SMART will das illegale Töten von Elefanten stoppen – mit Erfolg!

SMART wurde anfangs in 20 Ländern lanciert, darunter Gabun und die Demokratische Republik Kongo in Afrika. Nun planen Emma und ihre Partner, das Programm auch in anderen Ländern Afrikas und Asiens einzusetzen. Ständig verbessert das Team die Software und bald werden die Wildhüter auch in der Lage sein, ihre gesammelten Informationen per Knopfdruck zum Hauptquartier zu senden, sodass die Manager noch schneller reagieren und die betroffenen Elefanten in ihrem Gebiet retten können.

Elefanten überragen die Landschaften des Samburu-Nationalreservates in Kenia.

Ein Arbeiter trägt zwei Stoßzähne, die bei einer Auktion an den Meistbietenden verkauft werden sollen. Aus diesen hier werden vermutlich Figuren oder Schmuck geschnitzt.

trockeneren Regionen Afrikas unterwegs. Eines Tages jedoch verließen die *Elephas* den Kontinent und zogen nach Europa und Asien weiter – über die Ursache rätseln die Wissenschaftler bis heute. Sicher ist, dass die *Elephas* in ihrer neuen Heimat aufblühten und sich schließlich zum *Elephas maximus* entwickelten, dem heutigen Asiatischen Elefanten.

AFRIKANISCHE ELEFANTEN

Die Afrikanischen Steppenelefanten sind die größte lebende Elefantenart. Sie sind durchschnittlich etwa einen Meter höher als ihre waldbewohnenden Vettern. Im offenen Lebensraum der Savanne konnten sie riesige Körper ausbilden. Ihre Ohren, die ebenfalls breiter als die der Waldelefanten sind, helfen ihnen bei der Kühlung in der mörderisch heißen Äquatorsonne.
Über Millionen von Jahren ging es den Steppen- und Waldelefanten in Afrika prächtig, bis der Mensch mit der Jagd auf Elfenbein große Elefantenpopulationen vernichtete. Elfenbein spielt in der Menschheitskultur schon seit Jahrtausenden eine wichtige Rolle. In der antiken Stadt Babylon entdeckten Archäologen 5000 Jahre alte Zentren der Elfenbeinschnitzerei, ägyptische und assyrische Könige töteten Elefanten wegen des Elfenbeins. Daraus entstanden geschnitzte Figuren, Schmuck und andere Objekte, die als Zeichen des Reichtums galten. Einige Jahrhunderte später errichteten die europäischen Großmächte ganz gezielt Kolonien

DER LÄNGSTE JE GEFUNDENE STOSSZAHN EINES AFRIKANISCHEN ELEFANTEN WAR 3,30 METER LANG.

Einige der letzten Elefanten mit Riesenstoßzähnen leben im kenianischen Tsavo-East-Nationalpark.

in Afrika, um Elfenbein zu „ernten". Mit den Einnahmen wurden u. a. auch die großen Erkundungsreisen um die Welt finanziert.

Die steigende Nachfrage nach Elfenbein vernichtete komplette Elefantenpopulationen und führte in Nordafrika zu ihrem Aussterben. In den 1950er-Jahren wurden Nationalparks zum Schutz von Elefanten gegründet, doch überall auf der Welt wollten Menschen weiterhin handgeschnitztes Elfenbein kaufen. Bis 1979 sank die Elefantenpopulation Afrikas von mehreren 10 Millionen auf etwas über 1 Million. Das Elfenbein der eines natürlichen Todes gestorbenen Elefanten reichte nicht mehr und die Kriminellen begannen mit dem illegalen Töten von Elefanten und dem Verkauf der Stoßzähne. Innerhalb von 10 Jahren verringerten Wilderer die bereits zurückgehende Population der Afrikanischen Elefanten um die Hälfte. Nur 600.000 blieben übrig.

1989 verbot die Weltartenschutzkonferenz (CITES) endlich den internationalen Elfenbeinhandel. Die Nachfrage nach Objekten aus Elfenbein sank und viele Elefantenpopulationen erholten sich. Es sah eigentlich gut aus für die Elefanten – bis vor Kurzem. Eine erneute

BEGEGNE EINEM ELEFANTEN

SUDU ALIYA, DER WEISSE ELEFANT

Sudu Aliya ist etwas Besonderes, nämlich eine weiße Elefantendame – dabei ist sie gar nicht richtig weiß. Die Hautfarbe der weißen Elefanten variiert zwischen hellgrau und rosa, jedoch sind sie äußerst selten. Tierforscher entdeckten Sudu Aliya zum ersten Mal 1993 als Elefantenbaby im Yala-Nationalpark in Sri Lanka. Sie ist der erste – und bislang einzige – weiße Elefant, der auf der Insel entdeckt wurde. Doch Sudu Aliya ist auch aus einem anderen Grund eine Besonderheit: Sie ist vermutlich der einzige wildlebende weiße Elefant der Erde.

Weiße Elefanten haben in der buddhistischen Religion eine starke Symbolkraft und gelten als heilige Tiere. Schon früh fingen die Asiaten weiße Elefanten in der Wildnis und überreichten sie ihren Machthabern als Geschenk. Im einstigen Burma dekorierten die Menschen weiße Elefanten mit Schmuck aus Gold, Rubinen und Smaragden. Sie fütterten ihnen Gras aus Goldgefäßen und Palastkünstler tanzten für weiße Elefanten. In Thailand gelten sie als Eigentum des Königs. Doch Sudu Aliya hat Glück, denn während die meisten weißen Elefanten in Gefangenschaft leben, darf sie die Freiheit in den dichten, geschützten Wäldern des Yala-Nationalparks genießen.

Ein geretteter Asiatischer Elefant beim Fressen von Zuckerrohr.

ELEFANTEN IM FOKUS

ASIATISCH ODER AFRIKANISCH?

Asiatische Elefanten und Afrikanische Steppenelefanten gehören beide zur Familie der Rüsseltiere, sie sind jedoch genetisch so verschieden wie Löwen und Tiger. Die zwei Arten unterscheiden sich durch spezifische körperliche Merkmale voneinander.

Asiatische Elefanten haben rosafarbene Flecken auf Gesicht, Ohren und Brust.

Asiatische Elefanten tragen auf dem Kopf zwei höckerartige Beulen, Afrikanische Elefanten hingegen nur eine.

Nachfrage nach Elfenbein bedroht die Dickhäuter aufs Neue. Die Wilderer sind wieder zurück, diesmal organisiert als kriminelles Netzwerk in großem Stil, und töten um die 30.000 Elefanten jedes Jahr.

Die heutigen Elefanten Afrikas verteilen sich auf verstreute Landflächen in vier Regionen: Westafrika, Ostafrika, Zentralafrika und südliches Afrika. Die Gebiete in West- und Zentralafrika, der Heimat der meisten Waldelefanten, sind am schlimmsten von der Wilderei betroffen. Über die Hälfte der Waldelefanten wurden in den letzten zehn Jahren ausgerottet. In Ostafrika, wo einst die größte Afrikanische Elefantenpopulation zu Hause war, leben heute noch etwa 110.000 graue Riesen. Die extreme Wilderei von 1960 bis 1990 vernichtete über 90 Prozent der dortigen Elefanten und die derzeitigen Elfenbeinjäger tragen zur weiteren Dezimierung bei.

Im südlichen Afrika leben heute etwa die Hälfte aller Elefanten des Kontinentes. Zwar sind dort die meisten Populationen recht sicher und wachsen sogar – doch die Wilderer tauchen bereits am Horizont auf und bedrohen die letzte große Bastion der Afrikanischen Elefanten.

ASIATISCHE ELEFANTEN

Aus der Ferne mögen sich Afrikanische und Asiatische Elefanten ähneln, doch nebeneinander betrachtet sind sie unverwechselbar. Asiatische Elefanten sind etwas kleiner. Sie sind stärker behaart und tragen zwei runde Beulen auf dem Kopf. Afrikanische Elefanten haben nur eine Beule. Die Ohren der Asiatischen Elefanten sind deutlich kleiner und ihre Haut ist zarter. Hauptunterschied zwischen den zwei Typen sind jedoch die Stoßzähne: Nicht alle Asiatischen Elefanten haben

Die Mehrzahl der Asiatischen Elefanten besitzen keine Stoßzähne, während die meisten Afrikanischen Steppenelefanten lange, schwere Stoßzähne haben.

Die Ohren der Asiatischen Elefanten sind viel kleiner als die ihrer afrikanischen Verwandten.

überhaupt welche – gelegentlich ein männlicher Elefant, jedoch nie die Weibchen. Daher bleiben die Asiatischen Elefanten eher von der Wilderei verschont.

Die wirklich große Bedrohung für den Asiatischen Elefanten ist der Verlust von Lebensraum. Asien zählt zu den Regionen der Erde mit dem stärksten Bevölkerungswachstum und der größten Bevölkerungsdichte. In den letzten 50 Jahren wurden unzählige Straßen, Eisenbahnlinien, Dämme, Kanäle, Rohrleitungen und Minen errichtet, welche die natürlichen Lebensräume der Elefanten stören, und auch der Getreideanbau breitet sich auf Elefantengebiet aus. Der Lebensraum der grauen Riesen wird knapp.

In Indien leben die Mehrzahl der 30.000 bis 50.000 Asiatischen Elefanten sowie über eine Milliarde Menschen in leider nicht immer guter Nachbarschaft miteinander. Elefanten schleichen sich des Nachts aus ihren Schutzzonen, um das Getreide der Bauern

ASIATISCHE ELEFANTEN SIND NÄHER MIT DEM AUSGESTORBENEN WOLLHAARMAMMUT ALS MIT DEN AFRIKANISCHEN ELEFANTEN VERWANDT.

Regenwasser sammelt sich in künstlich angelegten Wassergräben in Maharashtra, Indien.

ELEFANTEN SIND MIT DEN IM MEER LEBENDEN DUGONGS UND MANATIS VERWANDT, ABER NICHT MIT DEN SEE-ELEFANTEN.

Ein Asiatischer Elefant steht angekettet auf einem Feld in Indien. Elefanten in Privatbesitz müssen oft stundenlang auf einer Stelle stehen, wenn sie nicht arbeiten.

abzufressen, und richten Millionenschäden an. Außerdem werden rund 400 Menschen pro Jahr durch wild gewordene Elefanten totgetrampelt.

Der Kampf um Lebensraum in Asien ist komplex und wird wohl noch mehr Elefanten vernichten, doch noch ist Zeit, um die Schutzgebiete für die wenigen stabilen Elefantenpopulationen zu erweitern und miteinander zu verbinden. Viele Menschen arbeiten daran, dass die Menschen in guter Nachbarschaft mit den Dickhäutern leben können und dass die Asiatischen Elefanten eine Chance auf eine Zukunft in der Wildnis bekommen.

EXPERTENTIPPS

Tipps der Tierschutzexpertin Emma Stokes zur Beobachtung von Waldelefanten:

1. Ein guter Tierforscher trägt bei seiner Arbeit vor Ort immer Stift und Notizblock bei sich, um Interessantes und Wichtiges zu notieren.

2. Halte stets Augen und Ohren offen. Elefanten sind wahre Tarnungskünstler – es kann passieren, dass du im Wald einfach an einem Dickhäuter vorbeiläufst, wenn du nicht achtgibst!

3. Elefanten sind in dichten Wäldern schwer zu beobachten, weshalb Forscher oft hölzerne Plattformen in Bäumen nahe einer Waldlichtung errichten. Wichtig ist, die Plattform so zum Wind zu bauen, dass unser Geruch den Elefanten nicht aufschreckt.

>> RETTUNG DER TIERE!

ELEFANTEN IM AUGE BEHALTEN

Wer Elefanten retten will, muss sie gut kennen. Und das braucht viel Zeit, Energie und Geduld. Das weiß die Forscherin T. N. C. Vidya, die für das wissenschaftliche Zentrum „Jawaharlal Nehru Centre for Advanced Scientific Research“ in Bangalore, Indien, arbeitet. Sie verbringt viel Zeit in einem südindischen Wald, um Elefanten kennzulernen. Wie macht sie das genau?

Vidya schläft in einem Camp in der Nähe des Waldes. Morgens steht sie vor 6 Uhr auf und fährt auf holprigen Straßen quer durch die Wildnis, immer auf der Suche. Wenn ein Elefant auftaucht, versucht sie ihn anhand bestimmter Kennzeichen an Ohren, Gesicht oder Körper zu identifizieren. Sie beobachtet den Elefanten und notiert, wohin er geht und was er macht. Sie sammelt sogar Elefantenkot, um später zu untersuchen, welche Tiere miteinander verwandt sind. Bei Sonnenuntergang fährt Vidya zurück ins Camp und gibt ihre Daten in den Computer ein. Elefanten im Auge zu behalten, ist ein harter Job, aber jemand muss es ja tun und Vidya will es so. Ihre gesammelten Daten gibt sie an Wildpark-Manager weiter, um neue Strategien zum Tierschutz zu entwickeln.

RETTUNGS-AKTIONEN

HALTE AUSSCHAU NACH ELEFANTEN

Forscher oder Explorer, Tier- und Naturschützer, Geografen und andere Experten halten nach Elefanten Ausschau und verbringen enorm viel Zeit mit dem Beobachten der Dickhäuter. Explorer suchen die Elefanten, Tierschützer beobachten ihr Verhalten und Geografen zeichnen in Karten ein, woher die Elefanten kommen und wohin sie gehen. Indem sie alle zusammenarbeiten, verstehen die Experten am besten, wie sie die Elefanten und ihre Lebensräume retten können.

Nimm dir für diese Rettungsaktion Zeit zum Schauen, Beobachten und Verstehen der Elefanten. Dann machst du Fotos oder Zeichnungen, auf denen du anderen Menschen das schwierige Schicksal der Elefanten nahe bringst.

SEI KREATIV

BAUE EINEN AUSGUCK.

SCHNAPPE DIR KAMERA, NOTIZBUCH UND PROVIANT UND BEGIB DICH ZUM BESTEN ORT IN DER NÄHE, VON WO AUS DU ELEFANTEN BEOBACHTEN KANNST. Mache es dir so bequem wie möglich und verbringe viel Zeit damit, die Elefanten in ihrem alltäglichen Leben zu beobachten.

HAST DU GLÜCK UND LEBST NICHT WEIT VON WILDEN ELEFANTEN, EINEM WILDPARK ODER NATURRESERVAT? Dann suche dir einen sicheren Ort mit guten Ausblick.

KEINE ELEFANTEN IN DER NÄHE? Dann baue dir daheim ein gemütliches Lager und schaue eine Dokumentation über Elefanten im Fernsehen, auf dem Laptop oder Tablet. Auch so kannst du sehr viel über Elefanten erfahren und lernen.

WERDE AKTIV

MACHE FOTOS ODER ZEICHNUNGEN

ECHTE ELEFANTEN IN DER NÄHE? Mache Fotos mit deiner Kamera. Sei kreativ und fotografiere ungewöhnliche Szenen, durch die du Aufmerksamkeit erweckst. Probiere verschiedene Effekte mit deiner Kamera aus. Du kannst zum Beispiel aus einem tiefen oder hohen Winkel fotografieren, den Elefanten klein wirken lassen oder einen Körperteil gezielt heranzoomen, z. B. einen Stoßzahn oder ein Auge.

TEILE DICH MIT

ZEIGE DEINE FOTOS.

Zeige deine Fotos, um auf Elefanten aufmerksam zu machen und zu erläutern, wie man ihnen helfen kann. Du könntest Folgendes tun:

DRUCKE DEINE BILDER UND STELLE SIE AUS. Vergrößere die Fotos und frage, ob du sie in der Bücherei, in einem Park oder in der Schule ausstellen darfst.

STELLE SIE INS INTERNET. Wenn du alt genug bist, kannst du deine Fotos in einem sozialen Netzwerk, einem Blog oder auf einer anderen Webseite zeigen. Bitte andere um viele „Likes" und die Verlinkung mit anderen Netzwerken.

TUE ETWAS UNERWARTETES. Projiziere deine Fotos an eine große Wand, wenn es draußen dunkel ist und jeder sie sehen kann. Dazu brauchst du einen Projektor und die Hilfe eines Erwachsenen.

EXPERTENTIPPS

Denke dir clevere Tricks aus, um für deine Fotos und Vorführung zu werben. Wie wäre es damit?

1. Drucke dir Sticker, die du selbst trägst und in der Schule verteilst.
2. Male eine Elefantenmaske von einem Foto oder einer Zeichnung ab. Mache viele Kopien davon und suche so viele Mitstreiter wie möglich. Auf ein Kommando setzt ihr die Maske gleichzeitig auf.
3. Entwirf einen Bildschirmschoner mit Elefanten für den Computer und verteile ihn an deine Freunde und Familie. Bitte die Schule, den Bildschirmschoner auf allen Computern im Schulhaus zu installieren. Vielleicht zeigt ihn auch dein örtliches Kino, bevor ein Film beginnt.

ELEFANTEN IM FERNSEHEN? Sei kreativ und zeichne die Elefanten, die du siehst. Es brauchen keine exakten Darstellungen zu sein, sondern dein persönlicher Eindruck zählt. Du kannst für deine Bilder auch ganz verrückte Farben wählen.
GIB JEDEM KUNSTWERK EINEN NAMEN UND UNTERTITEL. Dadurch können die Betrachter manche Probleme der Elefanten besser verstehen.

KAPITEL 3

ELEFANTEN-FAMILIE

Ein Elefantenjunges findet Schutz zwischen den Beinen seiner Mutter.

Dämmerung in der Savanne. ***TARAAH! TARAAH!*** **– hört man es trompeten. Gerade hat eine Elefantenkuh ein Baby zur Welt gebracht, einen kleinen Bullen. Die Familie drängt sich um die junge Mutter. Sie schlingt ihren langen Rüssel um das graue Bündel vor ihr auf dem Boden und stellt es auf die Beine. Der kleine Elefant macht seine ersten Gehversuche.** ***TARAAH! TARAAH!*** **– verkündet die Familie ihre Freude in die Nacht hinaus.**

FAMILIE AN ERSTER STELLE

Elefanten feiern gerne und ein Neugeborenes ist immer ein Fest wert. Ihre engen Familienbanden bestehen aus weiblichen erwachsenen Verwandten – Müttern, Töchtern, Schwestern, Tanten und Cousinen – sowie allen Elefantenkindern. Je nach Umgebung umfasst eine Familie manchmal mehr als 50 Individuen. Doch egal wie groß die Familie ist, ein Neugeborenes genießt immer höchste Aufmerksamkeit.

Die erfolgreiche Erziehung eines Elefantenkindes geschieht im Team. Elefantenbabys müssen viel lernen, und so wie Menschenkinder lernen auch sie durch Beobachtung und Nachahmung ihrer Mütter und anderer Familienmitglieder – ein Prozess, der viele Jahre dauert. Elefanten sind die größten Landtiere der Erde und dennoch lauern täglich Gefahren. Der Lebensraum ist für ein Elefantenkälbchen, das gerade erst laufen lernt, sehr gefährlich. Matschiger Boden, große Steine und holpriges Gelände erschweren es ihm, mit dem Rest der Familie Schritt zu halten. Zum Glück führt ihn der lange Rüssel der Mutter oder Tante.

DIE OHREN EINES AFRIKANISCHEN SAVANNENELEFANTEN KÖNNEN BIS ZU 1,20 METER BREIT UND 2 METER LANG SEIN!

Hindernisse wie reißende Flüsse, steile Böschungen und Brunnenlöcher sind für die Elefantenbabys eine große Gefahr. Mancherorts graben die Menschen Brunnen auf

Aufmerksam wacht eine Elefantenmutter über ihr Junges, als die Nacht hereinbricht. Besonders nachts sind die Elefantenkälber von Angriffen durch Raubtiere wie Löwen und Tiger bedroht.

EXPERTENTIPPS

Tipps des Tierschützers Hammer Simwinga, wie man mehr über Elefanten erfahren kann:

1. Lies Bücher, die auf der direkten Erforschung von Elefanten basieren. Ich mochte Mark und Delia Owens' Bücher sehr.
2. Unternimm eine Tour zu einem natürlichen Habitat der Elefanten, um zu verstehen, wo und wie die wilden Elefanten leben.
3. Lass dich von einem erfahrenen Elefantenführer begleiten.

Der kleine Afrikanische Elefant im kenianischen Masai-Mara-Nationalreservat testet seinen Rüssel.

ELEFANTEN IM FOKUS

ELEFANTENSPRACHE

Elefanten haben eine komplexe Sprache mit Lauten und Gesten entwickelt, um miteinander zu kommunizieren. Hier sind ein paar Beispiele:

„Kopf hoch!“
Elefanten halten ihre Rüssel wie das Periskop eines U-Bootes in die Luft, wenn sie einen neuen Geruch wahrnehmen und ihre Artgenossen darauf aufmerksam machen wollen.

„Ich will spielen.“
Elefanten schütteln ihre Köpfe oder knien sich nieder, um zum Spielen aufzufordern.

der Suche nach Wasser. Wie Landminen ein Schlachtfeld durchlöchern diese Brunnen teilweise die Landschaften. Wenn ein Elefantenbaby hineinfällt, versucht es die Familie gemeinsam herauszuziehen.

Elefantenkinder verbringen viel Zeit damit, ihre Umgebung zu erkunden. Sie schnüffeln an Felsen und Gebüsch und jagen Vögel, Affen und Büffel. Entfernen sie sich zu weit von der Gruppe, dann werden sie zur leichten Beute von Raubtieren wie Löwen und Tiger. Wenn ein Raubtier in der Nähe herumlungert, drängen sich die Elefantenmütter zusammen und bilden mit ihren hohen Beinen einen Schutzwall um die jungen Kälber. So ist das Raubtier gezwungen, ohne Beute weiterzuziehen.

Neugeborene Elefanten müssen sich nicht nur gegenüber gefährlichem Gelände und Raubtieren behaupten. Sie müssen auch viel darüber lernen, was es bedeutet, ein Elefant zu sein.

ELEFANTEN IM TRAINING

In den ersten zwei Lebensjahren brauchen Elefanten die Muttermilch zum Überleben. Im Alter von zwei bis drei Monaten probieren sie allmählich feste Nahrung. Zuerst angeln sie sich Futter aus den Mäulern ihrer Verwandten und lernen dabei, welche Pflanzen essbar sind.

Bevor ein Elefant für sich selbst sorgen kann, muss er lernen, seinen Rüssel zu benutzen. Er wird ohne Muskelkraft im Rüssel geboren, weshalb dieser zunächst wie ein schlaffer Gartenschlauch herabhängt. Tägliches Rüsseltraining ist nötig, um die Muskeln zu stärken, was die Elefantenjungen bisweilen frustriert. Manche knien sich lieber nieder, um zu grasen oder direkt mit dem Maul Wasser zu trinken. Doch wenige Monate später setzen sie ihre Rüssel mit Leichtigkeit ein, schleudern in der heißen Sonne Staub auf ihre Rücken und bewerfen ihre Cousins und Cousinen mit Stöcken und Steinen.

„Leg dich nicht mit mir an."
Ein aggressiver Elefant breitet seine Ohren weit aus und hält den Kopf hoch in die Luft. So vermittelt er seinem Gegenüber, dass er es ernst meint.

„Los geht's!"
Die Elefanten-Matriarchin wendet sich in eine Richtung, hebt ihr Vorderbein und brummt laut. So teilt sie der Herde mit, dass diese sich in Bewegung setzen soll.

Junge Elefanten spielen für ihr Leben gern. Sie spritzen im Wasserloch herum und schubsen einander. Wenn sie allzu übermütig werden, schreitet eine Tante oder ältere Schwester ein und verordnet eine kurze Elefantenauszeit.

ALLOMÜTTER

Wenn ein Weibchen seine Fürsorge dem Nachwuchs eines anderen Familienmitglieds widmet, spricht man fachsprachlich von der Allomutter. Das lässt sich ungefähr mit Babysitting vergleichen. Weibliche Elefanten beginnen im Alter von vier oder fünf Jahren, sich um jüngere Kälber zu kümmern. Dabei erwerben sie auch wichtige Fähigkeiten, um eines Tages selbst gute Mütter zu werden.

Eine junge Elefantenkuh wird ganz selbstverständlich und auf natürliche Weise zur Allomutter. Erst einige Jahre später ist sie jedoch soweit, selbst Mutter zu werden. Die weiblichen Elefanten tragen ihr erstes Baby aus, wenn sie ungefähr 14 oder 15 Jahre alt sind. Die erste Geburt ist in der Regel die schwierigste, doch mit Sicherheit werden die eigene Mutter, Schwestern, Tanten und Cousinen dabei helfend zur Seite stehen – denn anders als die Bullen bleiben die Elefantenkühe ihr Leben lang bei ihrer Familie.

DER LANGE ABSCHIED

Während junge Elefantenkühe bei der Pflege des Nachwuchses helfen, spielen die männlichen Dickhäuter mit ihren Altersgenossen. Es kann sein, dass Elefantenfamilien an einem einzigen Tag über einhundert fremden Elefanten begegnen. Manche bleiben unter sich, während andere Familien dauerhafte Freundschaften schließen. Junge Elefantenbullen raufen und ringen viel mit jungen Bullen anderer Familien – doch nicht zum Spaß. Das spielerische Kämpfen ist vielmehr wichtig für ihre Entwicklung und später von Nutzen, wenn sie z. B. bei der Paarung miteinander rivalisieren. In den kommenden Jahren werden sich junge Elefantenbullen zunehmend länger von der Familie entfernen, bis sie diese etwa im Alter von 14 Jahren für immer verlassen.

DIE REGIERUNG VON BOTSWANA HAT KÜRZLICH EIN GESETZ VERABSCHIEDET, DAS DIE JAGD AUF ELEFANTEN – UND AUF ALLE ANDEREN TIERE – IN DEM LAND VERBIETET.

ANIMAL SUPERPOWERS

SUPER SINNE

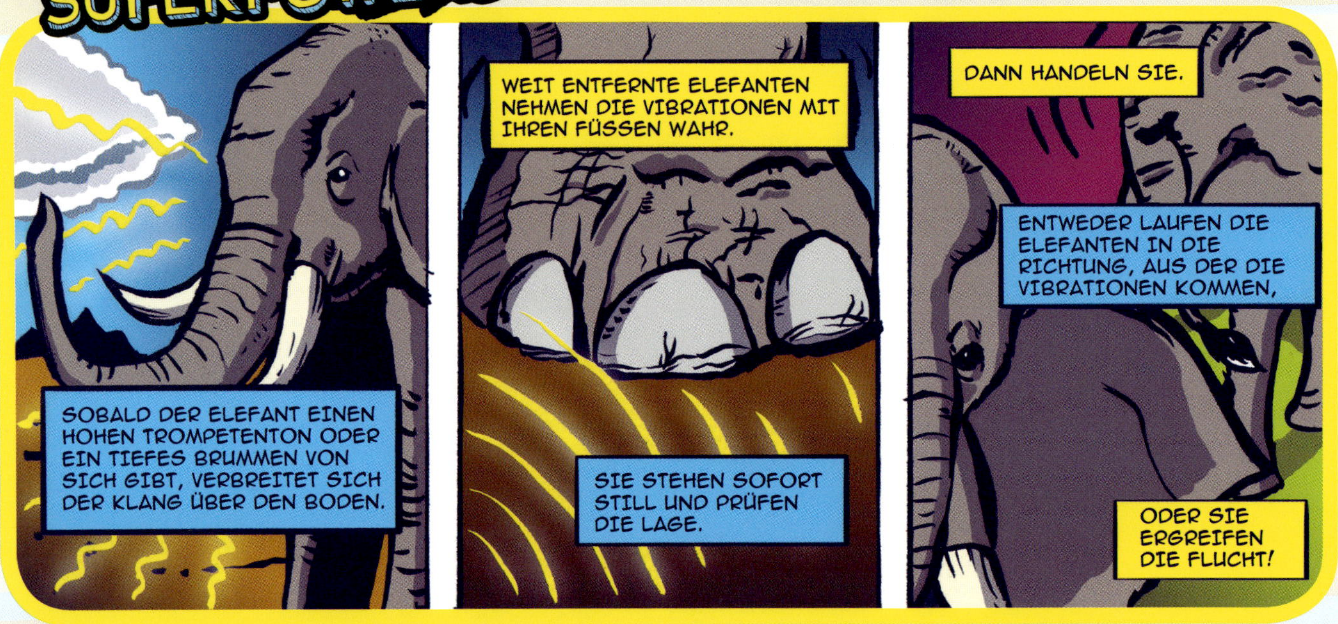

BEGEGNE EINEM ELEFANTEN

TARRA UND IHR TREUER FREUND

Die meisten Elefanten im Elefantenreservat des US-Bundestaates Tennessee wählen einen anderen Elefanten zum besten Freund. Nicht so die Elefantendame Tarra. Sie bevorzugte einen viel kleineren, haarigeren Vierbeiner: den streunenden Hund Bella.

Bella folgte Tarra in dem Reservat auf Schritt und Tritt. Gemeinsam streiften sie durch die Wälder, schwammen im Teich und lungerten auf den sonnigen Wiesen herum. Zum Mittagsschlaf kuschelte sich Bella nahe an Tarra heran und Tarra strich mit ihrem riesigen Rüssel über Bellas Rücken, als würde sie ihn streicheln. Eines Tages verletzte sich Bella. Sie konnte nicht mehr laufen und man brachte sie in das Büro über dem Elefantenstall, um gesund zu werden. Doch das hielt Tarra nicht davon ab, ihren haarigen Freund zu sehen. Drei Wochen lang besuchte die Elefantendame ihren Freund, bis er wieder gesund war und die beiden wieder wie früher gemeinsam durchs Reservat zogen.

Zwei junge Waldelefantenbullen raufen im Wasser. Die Stoßzähne der Waldelefanten sind kürzer und weniger gebogen als die ihrer Cousins der Savanne. Sie sind oft bräunlich oder rosafarben.

EIN BABYELEFANT SAUGT AN SEINEM RÜSSEL, GENAU WIE DAS MENSCHLICHE BABY AM DAUMEN LUTSCHT.

Ausgewachsene Elefantenbullen halten sich gelegentlich in rein männlichen Junggesellenverbänden auf. Auch ihnen bringt das Gruppenleben Vorteile. Ältere Bullen beschützen die jüngeren vor Raubtieren und sind ihr großes Vorbild. Die Elefanten-Teenager folgen den Großen wie ein Schatten und beobachten jede Bewegung. Schnüffelt ein Erwachsener an einem Urinfleck, schnüffelt das Jungtier ebenfalls daran. Junge Elefantenbullen beobachten auch den Umgang ihrer männlichen Vorbilder mit den Artgenossinnen. Beim heranwachsenden Elefantenbullen schießen irgendwann die Hormone ein und sie durchleben „Pubertätsphasen". In dieser Zeit werden sie aggressiv und hinterlassen überall Urinspuren. Ihre Drüsen an den Schläfen schwellen an und sondern ein Sekret ab. Ihr Körper signalisiert: Jetzt ist es an der Zeit, dass du dir ein Weibchen zur Paarung suchst!

(Fortsetzung auf S. 58)

Eine Elefantenmutter bleibt stehen, um ihr Kalb mit Milch zu säugen.

EXPLORER-INTERVIEW

BHASKAR CHOUDHURY

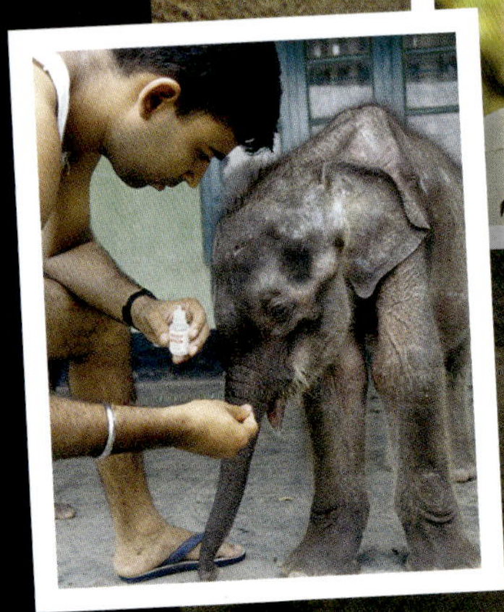

GEBOREN: ASSAM, INDIEN
BERUFLICHE TÄTIGKEIT: REGIONALLEITER (ASSAM) UND TIERÄRZTLICHER LEITER DES INDISCHEN WILDLIFE TRUST UND DES INTERNATIONAL FUND FOR ANIMAL WELFARE
ORT DER TÄTIGKEIT: NORDOSTEN INDIENS
JAHRE DER ARBEIT MIT ELEFANTEN: 13
MONATE PRO JAHR VOR ORT: 9–10

Was ist Ihr Beitrag zur Rettung der Elefanten?
Mein Team hilft Elefanten in Notsitationen und Krisen. Wir kümmern uns v. a. um asiatische Elefantenkälber, die durch Mensch oder Natur von ihrer ursprünglichen Herde getrennt wurden. Wir versuchen, diese Kälber zu ihrer Herde zurückzuführen. Gelingt uns dies nicht, kommen sie in ein Aufzucht- und Pflegezentrum. Vier bis fünf Jahre später kehren sie in einen natürlichen Lebensraum zurück, um sich wieder in die Wildnis einzugliedern. Wir behandeln auch verletzte Jungtiere und ausgewachsene Elefanten.

Was lieben Sie an Ihrer Arbeit?
Jede einzelne Tierrettung ist individuell und fordert unser Team aufs Neue heraus. Jeder Tag und jede Stunde ist so abwechslungsreich wie bei keinem anderen Beruf. Mir macht meine Arbeit wirklich große Freude.

Was reizt Sie am meisten an der Arbeit vor Ort?
Man hat keinen Stress. Das Leben in der Wildnis ist einfach und hält dich jeden Tag jung und voller Energie. Die frische Luft und die fantastischen Landschaften tragen dazu bei!

Was mögen Sie gar nicht an Ihrer Arbeit vor Ort?
Nichts, außer das du die meiste Zeit vom Rest der Welt abgeschnitten bist. Wenn du in die Stadt kommst, brauchst du eine Weile, um dich dort an den Lärm zu gewöhnen.

Wie kann man sich als Kind auf Ihren Job vorbereiten?
Nur bei echtem Interesse sollte man diesen Job machen. Außerdem muss man in der Lage sein, Opfer zu bringen, um in diesem Bereich erfolgreich zu sein. Sonst ist man frustiert.

UNVERGESSLICHER MOMENT

Es ist uns gelungen, zehn asiatische Elefantenkälber wieder in die Wildnis einzugliedern, nachdem sie sehr jung gerettet worden waren. Jeder einzelne Elefant bleibt unvergessen. Wir haben sie vor dem Tod gerettet und dabei geholfen, dass ihnen das Leben in der Wildnis unter Ihresgleichen gefällt.

Wie ihre afrikanischen Verwandten sammeln sich auch die Elefanten in Asien an Wasserlöchern, zum Durstlöschen und aus Geselligkeit.

RETTUNG DER TIERE!

EIN ELEFANT IN NOT!

Am 9. September 2000 erhielt der Wildtierarzt Bhaskar Choudhury einen aufgeregten Anruf von Waldhütern im Kaziranga-Nationalpark in Indien: „Komm schnell!"

Ein Elefantenbaby hatte sich in einer Wasserhyazinthe im Fluss verfangen. Bhaskar eilte vor Ort. Glücklicherweise konnten bereits einheimische Elefantenführer das verzweifelte Tier aus dem Fluss ziehen. Bhaskar untersuchte den Elefanten. Er war nicht verletzt, aber völlig verängstigt.

Bhaskar arbeitet für den indischen Wildlife Trust. Er und seine Kollegen helfen bei der Rettung und Wiedereingliederung junger Elefanten, die von ihren Familien getrennt wurden. In diesem Fall wiesen zertrampelte Spuren am Flussufer darauf hin, dass die Herde vergeblich versucht haben musste, das Elefantenkalb zu retten, und schließlich weitergezogen ist. Doch der kleine, angstvolle Elefant hatte Glück.

Etwa ein Kilometer vom Fluss entfernt entdeckte man eine große Elefantenherde. Bhaskar und sein Team führten das Elefantenbaby durch drei Meter hohes Gras zu einer sumpfigen Lichtung. Als das Kälbchen die Herde entdeckte, stieß es einen lauten Ruf aus. Die Elefanten umringten den Kleinen und hießen ihn brummend willkommen. Für Bhaskar gibt es nichts Schöneres, als einem Elefanten zu helfen, damit er sein normales Leben in der Wildnis fortführen kann.

Die Phase der Paarungsbereitschaft wird Musth genannt. Wenn sich zwei Musth-Bullen von ähnlicher Statur begegnen, kann es zum Kampf kommen. Im kenianischen Amboseli-Nationalpark wurde beobachtet, wie zwei Bullen in der Musth aufeinander zugingen, sich anstarrten und sich wie Boxer im Ring umkreisten. Dann versetzten sie sich schwere Stöße mit ihren Köpfen und Stoßzähnen. Erst zehn anstrengende Stunden später zog sich der etwas kleinere Bulle erschöpft zurück, die Überlegenheit des Siegers stand endlich fest.

Nach dem Vollzug der Paarung – dem einzigen feierlichen Moment abgesehen von der Geburt eines Elefantenbabys – bekundet die Familie der Elefantenkuh ihre Zustimmung durch lautes Trompeten. Vielleicht freut sich die Familie schon auf den künftigen Nachwuchs? Beinahe zwei Jahre später wird sie das neugeborene Familienmitglied willkommen heißen.

Ein neugeborenes Elefantenkälbchen in Asien steht inmitten von hohem Gras. Es ist etwa im Alter des kleinen Elefanten, den Bhaskar Choudhuri gerettet und zu seiner Familie zurückgebracht hat.

ELEFANTEN IM FOKUS

COOL BLEIBEN

Elefanten haben sich einiges ausgedacht, damit sie die Hitze ihres Lebensraumes erträglicher finden.

Sie plantschen in Wasserlöchern und wälzen sich im Schlamm.

Mit den Rüsseln spritzen sie Wasser auf ihre Körper und streuen anschließend eine Schicht Staub oder Sand darüber. So haben sie eine dicke Paste oder „Elefanten-Sonnencreme".

Elefantenkinder suchen im Schatten der Beine ihrer Mütter Schutz vor der Sonne.

In einer speziellen Vertiefung im Maul sammeln sie Wasser. Wenn es heiß ist, tauchen sie den Rüssel in die Vertiefung, saugen das Wasser auf und bespritzen sich damit.

>> RETTUNGS-AKTIONEN

SCHLÜPFE IN DIE HAUT EINES ELEFANTEN

Elefanten sind nicht nur durch Wilderer in Gefahr, sondern auch durch den Verlust von Lebensraum. Auf der Suche nach Nahrung, Wasser und Artgenossen sind sie bis zu 20 Stunden aktiv und wandern über 48 km am Tag. Da die Wälder und Grasflächen zunehmend in Agrarland und Städte verwandelt werden, können sie immer schlechter frei umherstreifen.

Mit dieser Aktion kannst du nachempfinden, was es bedeutet, einen Tag lang ein Elefant zu sein. Außerdem wirst du Gelegenheit dazu haben, dich mit anderen darüber auszutauschen, wie man Elefanten vor dem Aussterben bewahren kann.

SEI KREATIV

KLEIDE DICH WIE EIN ELEFANT.

EIN TOLLES ELEFANTENKOSTÜM KANNST DU SELBST ENTWERFEN UND HERSTELLEN. Binde dir zuerst einen „Elefantenschwanz“ um. Ein einfaches Seil sollte reichen.

BASTLE LEBENSGROSSE ELEFANTENOHREN. Sie lassen sich gut aus großen Papier- oder Kartonbögen zuschneiden. Du kannst sie an einem Haarband oder Hut befestigen.

BASTLE DIR RÜSSEL UND STOSSZÄHNE. Aus einem breiten, biegsamen Stück Plastik kannst du den Rüssel basteln. Mit einem echten Schlauchstück kannst du sogar Wasser einsaugen. Stoßzähne lassen sich aus einer Pappschachtel fertigen. Am besten seid ihr zu zweit ein Elefant: Einer hält die Stoßzähne, der andere steuert den Rüssel.

WERDE AKTIV

AUF ERKUNDUNGSTOUR WIE EIN ELEFANT

ZIEHE DEIN KOSTÜM AN UND VERHALTE DICH EINEN TAG WIE EIN ELEFANT. Suche dir andere Mitspieler und bildet zusammen eine Familie. Durchsucht euer Gebiet nach Nahrung und Wasser.

BLEIBE 10 STUNDEN LANG ALS ELEFANT AKTIV Vergiss nicht – die Dickhäuter können bis zu 20 Stunden pro Tag aktiv sein! Nimm dir unbedingt auch Zeit zum Spielen. Elefanten planschen z. B. für ihr Leben gerne in Wasserlöchern.

ERNÄHRE DICH NUR VON OBST, BLÄTTERN UND ANDEREN PFLANZEN. Damit du nichts Giftiges isst, kaufe Obst und Gemüse im Laden. Elefanten fressen in ihrem Gebiet ca. 100 verschiedene Pflanzen. Gelingt es dir, an 50 verschiedenen Pflanzen zu knabbern?

TEILE DICH MIT

BERICHTE ANDEREN VON DEINER ELEFANTEN-TOUR.

TEILE DEINE ERFAHRUNGEN MIT und erzähle von deinem Elefanten-Abenteuer und den Schwierigkeiten, mit denen Elefanten zu kämpfen haben.

WENN DIE LEUTE DICH MERKWÜRDIG ANSEHEN, grüße sie freundlich und erläutere ihnen, was du gerade tust.

MACHE NOCH MEHR AUF DICH AUFMERKSAM. Schicke Fotos von deiner „Elefantenherde" an die örtliche Zeitung und verbreite die Bilder online. Mache ein Video, auf dem du zu Trompetenklängen eines Elefanten tanzt.

EXPERTENTIPPS

Traue dich ruhig! Wenn du diese Tipps beherzigst, schenkt man dir gewiss echte Aufmerksamkeit:

1. Mache ruhig etwas Krach! Auf eurer Elefantenparade könnt ihr euch mit echten Trompeten verständigen, v. a. wenn ihr euch über etwas ärgert. Ihr könnt auch ein lautes Keyboard oder ein anderes Instrument verwenden.

2. Wenn sich jemand mit dir anlegen will, dann schiebst du deine Ohren nach vorne, damit du richtig groß wirkst. Stelle dich auf einen Baumstamm, um noch größer auszusehen.

3. Ist dir heiß? Dann nimm ein Bad im Schlamm oder puste Wasser mit einem Schlauch auf deinen Rücken. Oder du gehst Schwimmen und benutzt einen Schnorchel wie ein Elefant seinen Rüssel.

KAPITEL 4

AUF WANDER-SCHAFT

„ELEFANTEN HABEN EIN WUNDERBARES SOZIALLEBEN. SIE ENTFERNEN SICH NIE WEITER ALS VIEREINHALB METER VONEINANDER."

—CYNTHIA MOSS, DIREKTORIN DES AMBOSELI TRUST FOR ELEPHANTS

Eine Familie Afrikanischer Elefanten in der Savanne genießt die Zeit zum Fressen und Beisammensein.

Blitze zucken in der Ferne, Donner grollt. Dunkelgraue Sturmwolken ragen hoch über der trockenen Savanne auf. Von überall marschieren Elefanten in langen Reihen aufeinander zu. Sie kommen genau rechtzeitig. Kleine Regentropfen werden rasch zu einem heftigen Guss. Die Regenzeit beginnt.

EIN ELEFANT VERGISST NIE

Wir Menschen werden nicht gerne vom Regen durchnässt, doch für den Elefanten bedeutet Wasser Leben. Auf den Regen folgen bald saftig-grünes Gras, Blüten und Früchte. Jedes Jahr wandern die meisten Elefantenfamilien viele Kilometer dem Regen entgegen, allen voran ein unerschrockenes Muttertier.

Die Matriarchin einer Familie – meist die älteste und größte Elefantenkuh der Herde – gibt vor, was zu tun ist und wohin es geht, vor allem wenn die Futterquellen austrocknen. Anders als viele Anführer im Tierreich hat die Leitkuh ihre Rolle nicht durch Kämpfe, sondern durch Weisheit erworben.

Elefanten verfügen über ein exzellentes Gedächtnis. Ihr jahrzehntelang erworbenes Wissen gibt die Matriarchin an die jüngeren Familienmitglieder weiter. Sie weiß essenzielle Dinge: Wo sind die besten Wasserlöcher? Wie entkomme ich Raubtieren? Wo verläuft unsere jährliche Wanderroute? Diese überlebenswichtigen Kenntnisse hat sie von ihrer Vorgängerin, der vorherigen Matriarchin, gelernt.

Je älter die Matriarchin, desto besser. „Eine Familie, die von einer alten Matriarchin angeführt wird, profitiert von deren Erfahrung und Weisheit. Sie überlebt die Trockenheiten besser und zieht die meisten Nachkommen groß", sagt die Biologin Joyce Poole, die sich seit Jahrzehnten mit Elefanten beschäftigt. Eine gute Matriarchin ist der Schlüssel zum Überleben.

DAS GEHIRN EINES ERWACHSENEN ELEFANTEN WIEGT IM DURCHSCHNITT 4,5 KG – MEHR ALS DREIMAL SO VIEL WIE DAS MENSCHLICHE GEHIRN.

ELEFANTEN LEGEN SICH ZUM SCHLAFEN NIEDER. SIE BRAUCHEN JEDOCH NUR ZWEI STUNDEN SCHLAF PRO NACHT.

Dicht aneinander gedrängt harren Afrikanische Elefanten im kenianischen Samburu-Nationalreservat im Regen aus.

Die weise und sanftmütige Elefantenkuh Echo grast im Amboseli-Nationalpark.

>> BEGEGNE EINEM ELEFANTEN

ECHO, DER ELEFANTEN-STAR

Echo ist wohl Afrikas berühmtester Elefant und ein Star in verschiedenen Filmen und Büchern. Forscher sind der unerschrockenen Matriarchin 1973 im Aboseli-Nationalpark in Kenia begegnet und haben ihren Weg fast 40 Jahre lang verfolgt. In diesem Zeitraum wuchs Echos Familie von 7 auf 40 Individuen heran – doppelt so viele wie jede andere Familie im Aboseli! Immer wieder stellte die robuste Matriarchin in der unerbittlichen Savanne ihre Stärke als Mutter- und Leittier unter Beweis.

Echo brachte mindestens acht Elefantenbabys zur Welt. Ihr Sohn Ely konnte nach der Geburt seine Beine nicht ausstrecken. Drei Tage lang rutschte das Neugeborene auf seinen Knien, doch Echo ließ nicht locker und schubste es so lange vorwärts, bis es die Kraft hatte, wie der Rest der Familie zu laufen. Jahre später entführte eine dominante Elefantenfamilie Echos junges Kalb Ebony. Mit unglaublicher Stärke und Mut trommelte Echo die größten Kühe ihrer Familie zusammen. Gemeinsam stürmten sie los und retteten den kleinen Elefanten.

Echos Führungsstärke beschränkte sich nicht auf ihre eigenen Nachkommen. Während zweier schlimmer Dürrezeiten leitete sie ihre Familie zu Futter- und Wasserplätzen. In ihrem Sterbejahr verendeten 400 Elefanten wegen einer Dürre, doch Echos Familie überlebte, denn sie erinnerte sich an die alten Pfade ihrer Leitkuh.

ELEFANTEN FRESSEN ÜBER 100 VERSCHIEDENE PFLANZENARTEN IN IHREM EINZUGSGEBIET.

GROSSE WANDERUNGEN

Bewegung ist Elefanten angeboren. Wilde Elefanten sind täglich mindestens 20 Stunden in körperlicher Aktion – beim Fressen, Erkunden oder in Gesellschaft. Doch nichts kostet sie mehr Kraft als ihre große alljährliche Wanderung.

Die Wüstenelefanten von Gourma in Mali legen jedes Jahr 483 km durch die holprige Sahelwüste in Nordafrika zurück. Es ist die längste Elefantenwanderung auf der Erde – und die heißeste. Selbst bei Temperaturen von über 49 °C marschieren sie weiter, denn die Elefanten müssen die nächste Oase erreichen, um zu überleben.

Nicht alle Elefanten wandern. Manche Waldelefanten finden das ganze Jahr über leicht Nahrung und Wasser. Dennoch legen sie je nach Jahreszeit weite Strecken zurück, um sich an ihren Lieblingsfutterstellen einzufinden. In der Zentralafrikanischen Republik sammeln sich über 100 Waldelefanten an der sumpfigen Lichtung Dzanga Bai. Sie fressen, trinken und nehmen die im Schlamm verborgenen Mineralsalze zu sich. Das für ihre Ernährung enorm wichtige Salz ist nicht in den Pflanzen enthalten, die sie normalerweise fressen.

Manche Elefanten nehmen auf der Suche nach Salz weite Wege auf sich. Im Loango-Nationalpark in Gabun, so glauben Wissenschaftler, weiden sie die salzwassergetränkte Vegetation entlang der Küstenstrände am Waldrand ab. Kenianische Elefanten in der Nähe eines erloschenen Vulkans dringen in tiefe unterirdische Salzminen vor, wo sie das Salz von den Höhlenwänden und aus dem Boden kratzen. Die salzhungrigen Elefanten haben so über Tausende von Jahren viele Höhlen ausgeformt.

Die Suche nach Futter und Mineralien ist nicht der einzige Programmpunkt auf der Agenda. Die Regenzeit markiert das größte gesellschaftliche Ereignis im Elefantenkalender. Dann kommt es zu Zusammenkünften, die großen Familientreffen gleichen.

SOZIALES NETZWERK DER ELEFANTEN

Elefanten sind gerne in Gesellschaft ihrer Artgenossen, ihr soziales Netzwerk ist riesig. Sogar in der Trockenzeit begegnen sich nicht verwandte Elefanten, doch während der Regenzeit strömen Hunderte, manchmal Tausende Elefanten in einem Gebiet zusammen.

RETTUNG DER TIERE!

KONFLIKTE IN INDIEN

Die Westghats, ein Gebirgszug im Südwesten Indiens, zählen zu den wichtigsten „Biodiversitäts-Hotspots" unseres Planeten. Fast 100 weltweit bedrohte Tierarten sind dort aktuell beheimatet, darunter die weltgrößte Population Asiatischer Elefanten. Die Tierschützerin und -expertin Krithi Karanth setzt alles daran, dass es auch so bleibt, was nicht einfach ist in einer Region, wo Mensch und Tier fortwährend um Land streiten. Ihre Philosophie: beim Menschen anfangen.

Krithi gründete ein ehrgeiziges Forschungsprojekt, um die Ursache des Konfliktes zwischen Mensch und Wildtier in Indien zu verstehen. Im indischen Staat Karnataka machte ihr Team Interviews mit Menschen aus über 1300 Dörfern, die an die Schutzgebiete der Westghats grenzen.

Dabei erfuhr Krithis Team, dass vor allem Elefanten und Wildschweine die Getreidefelder der Bauern verwüsten. Das Team um Krithi Karanth erstellte eine Landkarte der am stärksten betroffenen Gebiete, auf die die Park-Manager zunächst ihre Maßnahmen konzentrierten. Mithilfe von Krithis Team können Bauern die Vorfälle von Getreideraub an die Regierung melden, damit sie finanzielle Entschädigungen erhalten. So wird verhindert, dass die Bauern an den Getreide stehlenden Elefanten Rache üben.

ELEFANTEN IM FOKUS

MIT ELEFANTEN LEBEN

Das Zusammenleben mit Elefanten hat seine Vorteile. Sie sind sozusagen die großen Brüder und Schwestern des Tierreiches.

Die von Elefanten gegrabenen Wasserlöcher dienen anderen Tieren in ihrem Lebensraum, auch den Menschen, als Wasserquelle.

Mistkäfer rollen Elefantendung zu Kugeln und lagern sie unter der Erde, um sie später zu verspeisen.

Wenn zwei oder mehr verwandte Familien regelmäßig zusammenkommen, bezeichnet man sie als Bond Group. Elefanten einer Bond Group beschützen einander und kümmern sich um die Jungtiere der anderen. Bond Groups umfassen bis zu fünf Familien. Wenn sie sich begegnen, begrüßen sie sich freudig brummend und verschlingen ihre Rüssel zu einer Elefantenumarmung.

Doch nicht alle Elefanten sind freundlich. Wie bei uns Menschen gibt es auch bei Elefanten unterschiedliche Persönlichkeiten. Manche benehmen sich rüpelhaft und vertreiben andere Elefanten aus einem Gebiet, um es für sich alleine zu haben. Oder sie wagen es sogar und entführen Babys anderer Elefantenfamilien! Um sich vor solchen Rüpeln zu hüten, sind weise Matriarchinnen in der Lage, Stimmen von über 100 verschiedenen Elefanten zu unterscheiden. Sie wissen auch genau, welche Familien sie lieber meiden.

REGENZEIT UND TROCKENZEIT

Die Regenzeit ist die Zeit des Überflusses. Elefanten laben sich an ihrem Lieblingsgras, an Früchten und Blättern. Sogar die erwachsenen Elefanten verbringen Zeit mit ihren Freunden und spielen. Elefanten sind hervorragende Schwimmer und tauchen mit dem Körper komplett unter Wasser. Dann schießen sie an die Oberfläche oder werfen sich wie ein Wal zur Seite.

Elefanten schaffen Lichtungen im Wald und halten sie baumfrei, sodass dort Gras wachsen kann.

Die weißen Kuhreiher reiten „per Anhalter“ auf dem Elefantenrücken.

EXPERTENTIPPS

Inkamba Nkulu Clement, Leiter des Ogooué-Leketi-Elefantenprojekts, gibt Tipps zur Beobachtung von Waldelefanten:

1. Lerne soviel du kannst über das Verhalten von Elefanten, bevor du vor Ort gehst.
2. Wenn du Waldelefanten aufspüren willst, halte mindestens einen Abstand von 7,5 Metern. Nähere dich nie einem Elefanten von hinten oder von der Seite.
3. Errichte dein Lager nicht in der Nähe eines Elefantenpfades, sonst wirst du vielleicht niedergetrampelt!

Wie alle schönen Dinge geht aber auch die Regenzeit irgendwann zu Ende. Es hört auf zu regnen und die Savanne trocknet aus. Nun nehmen die Elefanten von ihren Freunden Abschied und ziehen auf getrennten Wegen weiter, so wie sie gekommen sind.

Während der Trockenzeit konzentriert sich der Lebensraum der Elefanten um die letzten verbleibenden Wasserlöcher. Teilen sich mehrere Bond Groups und Familien dasselbe Gebiet, werden sie als Clan bezeichnet. Sie sind in Grüppchen unterwegs, suchen Fressbares und warten auf den Regen. Doch was geschieht, wenn der Regen nicht kommt?

Zwei oder drei Jahre anhaltende Dürrezeiten, in denen es gar nicht oder kaum regnet, sind für das Ökosystem der Savanne nichts Ungewöhnliches. Dann muss eine kluge alte Matriarchin ihren Wert unter Beweis stellen. Ihm Jahr 1992 verwüstete eine extreme Dürre den Tarangire-Nationalpark in Tansania. Die

Hoch mit dem Rüssel! Ein junger Elefant schwimmt durch den Chobe River in Botswana, sein Rüssel dient ihm als Schnorchel.

Beverly und Dereck Joubert fotografieren in Botswana einen Elefanten aus allernächster Nähe.

Nahrungsvorräte im Park trockneten aus und die Elefanten mussten intelligent handeln – oder sie riskierten den Tod. Die letzte große Dürre vor 34 Jahren konnten nur die älteren Matriarchinnen erlebt haben. Diese tapferen Leitkühe wussten, was zu tun war, und führten ihre Familien aus dem Park heraus zu anderen Nahrungsquellen, die sie noch von ihrer Jugend in Erinnerung hatten. Leider blieben die Familien mit jüngeren Matriarchinnen vor Ort und erlitten doppelt so viele Verluste.

Als endlich dunkle Wolken am Horizont aufziehen, treiben die Matriarchinnen ihre Familien zusammen. In einer Reihe treten sie ihren langen Marsch an, der sie zurück in ihre Heimat während der Regenzeit führt.

RETTUNG DER TIERE!

DAS FILMEN DER RIESEN

Dereck und Beverly Joubert arbeiten als Explorer bei National Geographic und leben vor Ort. Seit 30 Jahren filmen und fotografieren sie Elefanten in der Wildnis von Botswana. Ihr Ziel ist es, Menschen weltweit, die Elefanten nie echt begegnen können, einen Blick auf das faszinierende Leben der wilden Dickhäuter zu ermöglichen.

Die Nähe zu Elefanten ist nicht ungefährlich. Dereck und Beverly durchqueren die Savanne in einem großen Truck. Sie versuchen, leise und möglichst unsichtbar zu sein, um das natürliche Verhalten der Dickhäuter auf Bildern festzuhalten. Einmal quietschte ihr Truck bei einer Expedition und schreckte eine große Elefantenkuh auf. Einen Augenblick später schon rammte sie ihren Schädel ins Fahrzeug und brachte es rückwärts ins Rollen. Dereck konnte gerade noch rechtzeitig bremsen, sonst wären sie in ein tiefes Loch gestürzt. Der Elefant schnaubte wütend in Richtung Fahrzeug, warf die Ohren herum und wandte sich ab. Das war knapp!

Doch Dereck und Beverly lassen sich davon nicht abschrecken und beobachten weiter diese wundervollen Tiere in ihrem natürlichen Habitat.

RETTUNGS-AKTIONEN

MACHE DEINE KAMPAGNE GROSS

Elefanten zählen zu den größten und berühmtesten Tierarten des Planeten. Es ist erstaunlich, wie viele Elefanten uns im Alltag begegnen, wenn du einmal darauf achtest. Sie sind auf Flaggen und Logos abgebildet, es gibt sie als Spielzeug zu kaufen, wir sehen sie in Spiel- oder Trickfilmen ... oder in Büchern, wie z. B. in diesem Buch.

Jeder erkennt einen Elefanten sofort an dem riesigen Körper, dem faszinierenden Rüssel und den spitzen Stoßzähnen. Doch was wäre, wenn er keine Stoßzähne hätte? Würde das überhaupt jemandem auffallen? Mit folgender Aktion kannst du das herausfinden.

SEI KREATIV

MACHE MEHR AUS DEINER KAMPAGNE.

GIB DEINER KAMPAGNE EINEN NAMEN. Sie könnte „Mission: Rettung der Elefanten" heißen, also wie dieses Buch, oder du denkst dir einen Namen aus.

ENTWIRF EIN LOGO ALS ERKENNUNGSZEICHEN FÜR DEINE KAMPAGNE. Du könntest einen Slogan erfinden, d. h. einen kurzen Satz, der dein Ziel auf den Punkt bringt, wie „Gemeinsam retten wir die Elefanten".

MIT SCHLÜSSELWÖRTERN ODER HASHTAGS KANNST DU DEN ERFOLG DEINER AKTIONEN SEHEN. Bitte deine Unterstützer, dein *#NameDeinerKampagne* zu ergänzen, wenn sie etwas kommentieren oder Fotos teilen.

WERDE AKTIV

BASTLE EINE AUFFÄLLIGE GROSSE HERDE AFRIKANISCHER ELEFANTEN OHNE STOSSZÄHNE.

TEILE DICH MIT

STELLE DEINE ELEFANTEN AUS.

SUCHE ZUERST EINEN AUSSTELLUNGSORT. Am besten ist eine Stelle, an der du von vielen Menschen gesehen wirst. Allerdings solltest du vor Wind und Regen geschützt sein. Du willst ja nicht, dass deine Elefanten davonfliegen!

PLATZIERE EIN SCHILD ODER PLAKAT MIT ERKLÄRUNGEN ZU DEINER AKTION. Du könntest z. B. auf die Anzahl der Elefanten aufmerksam machen, die wegen ihrer Stoßzähne täglich, monatlich oder jährlich getötet werden.

BEMERKT JEMAND, DASS DEINE ELEFANTEN KEINE STOSSZÄHNE HABEN? Nutze diese Frage als Ausgangspunkt für ein Gespräch über das Schicksal von Elefanten. Bitte deine Unterstützer, deine Elefanten zu fotografieren und sie ins Internet zu stellen. Schlage ihnen Titel für ihre Bilder vor, wenn sie diese teilen. Frage immer deine Eltern oder einen anderen Erwachsenen, bevor du online gehst.

BITTE VIELE LEUTE UM UNTERSTÜTZUNG, DAMIT DEINE KAMPAGNE RICHTIG GROSS WIRD. Plane deine Aktionen vorher. Besorge dir alle nötigen Materialien. Überlege dir, welche einzelne Aktion von wem übernommen werden könnte.

EINE RIESIGE HERDE FÜR DEINE RIESENKAMPAGNE! Bastle so viele kleine Elefanten aus Papier wie möglich. Je mehr Elefanten du hast, desto eher bemerken dich die Leute. Denke aber daran, dass deine Elefanten keine Stoßzähne haben sollen.

BASTLE DEN GRÖSSTEN ELEFANTEN, DEN DU HINBEKOMMST. Du kannst Papier verwenden, Pappschachteln oder was immer du findest. Wenn du eine ganze Elefantenfamilie bastelst, erhältst du bestimmt noch mehr Aufmerksamkeit!

>> EXPERTENTIPPS

Viele kleine Elefanten zu basteln, ist einfacher als einen großen. Und sie haben vielleicht auch eine stärkere Wirkung. Ein paar Vorschläge:

1. Bastle Hunderte Elefanten und platziere sie so, dass sie gut sichtbar sind.
2. Stelle sie überall in deiner Schule auf, sodass sie von jedem ständig gesehen werden.
3. Mache aber keinen Müll. Das wäre genau die falsche Botschaft und du bekommst am Ende noch Ärger, statt dass man dich lobt.

KAPITEL 5

ELEFANTEN UND MENSCHEN

„ICH GLAUBE, MENSCHEN SCHÜTZEN NUR DAS, WAS SIE **LIEBEN,** UND SIE LIEBEN NUR DAS, WAS SIE **VERSTEHEN.**“

—**JOYCE POOLE**, ELEFANTENFORSCHERIN UND TIERSCHÜTZERIN

Touristen im Safari-Jeep beobachten aus nächster Nähe eine Herde Afrikanischer Elefanten in Kenia.

Lange bevor Soldaten mit Panzern und Kampfjets in den Krieg zogen, waren Männer auf Elefanten in den Kampf geritten. Antike indische Schriften berichten von einer „Wand aus Riesen", die auf feindliche Linien zumarschierte. Die Elefanten waren am Kopf und an der Seite mit Metall gepanzert. Auf jedem Elefanten ritten ein Mahout oder Elefantentrainer plus drei Soldaten, die mit Pfeilen Ziele am Boden beschossen.

ELEFANTENKRIEGE

Gut trainierte Kriegselefanten waren gefürchtete Gegner. Sie attackierten Burgen und trampelten Pferde und Menschen nieder. Von den Mahouts lernten sie, den Feind mit den Füßen am Boden festzuhalten und mit ihren Stoßzähnen aufzuspießen. Sie konnten auch Männer mit ihren Stoßzähnen vom Schlachtfeld aufgabeln, um sie dem Mahout auszuliefern. Die Taktik, Elefanten einzusetzen, wurde so populär, dass sie sich von Indien nach Nordafrika und über das Mittelmeer nach Griechenland verbreitete.

Westliche Herrscher kauften ausgebildete Kriegselefanten von Indern im Osten, andere fingen Afrikanische Elefanten ein und trainierten sie. Der ägyptische

Das Gemälde zeigt Alexander den Großen im Kampf gegen eine indische Armee mit Kriegselefanten.

ELEFANTEN IM FOKUS

DER ELEFANT – EIN HELD

In manchen Kulturen gelten Elefanten als heilig und werden wie Gottheiten verehrt.

In Indien beten Hindus zum elefantenköpfigen Gott Ganesha, bevor sie ein neues Vorhaben angehen.

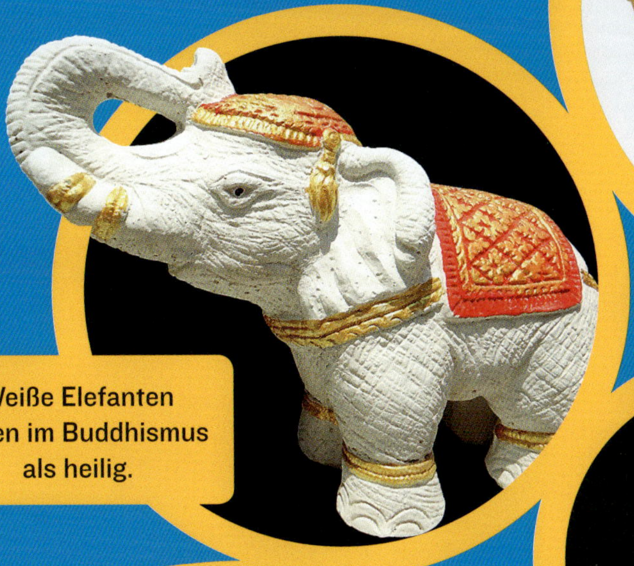

Weiße Elefanten gelten im Buddhismus als heilig.

Einige afrikanische Stämme tragen Elefantenmasken bei Zeremonien. Wissenschaftler glauben, dass sie dadurch eine spirituelle Verbindung zum Elefanten herstellen.

In Laos und Thailand verehren Hindus den dreiköpfigen Elefanten Erawan. Jeder Kopf steht für einen der drei hinduistischen Hauptgötter – Brahma, Vishnu und Shiva.

>> RETTUNG DER TIERE!

ZÄHLUNG DER WALDELEFANTEN

Die Zählung der Waldelefanten in den dichten zentralafrikanischen Wäldern ist nicht leicht, jedoch eine wichtige Aufgabe der Waldhüter, damit die Projekte zum Erhalt der Elefanten und gegen die Wilderei tatsächlich Wirkung zeigen. Inkamba Nkulu Clement, der das Ogooué-Leketi-Elefantenprojekt leitet, folgt bei brütender Hitze den Elefantenpfaden auf der Suche nach den grauen Riesen.

Waldelefanten sammeln sich gerne auf sumpfigen Lichtungen, Bais genannt. Daher installiert Clement dort Kameras mit Bewegungsmeldern, die ihm bei der Registrierung und Identifizierung einzelner Elefanten helfen. Leider sind die Bais auch für Wilderer verlockend, was Clements Arbeit gefährlich macht. So geschah es, dass Clement und sein Team drei Wilderern begegneten, die mit Maschinengewehren bewaffnet waren. Clement filmte heimlich seinen Kollegen, als dieser auf die Wilderer zuging. Er sagte, dass sie zu Forschungszwecken hier wären, jedoch seit drei Tagen keine Elefanten gesehen hätten. Daraufhin zogen sich die Wilderer zurück, doch Clement reagierte schnell. Er alarmierte sofort die zuständigen Behörden über sein Satellitentelefon und sein Film half bei der Festnahme der Täter.

Waldelefanten marschieren nach Dzanga Bai. Die Lichtung ist ein beliebter Treffpunkt für Elefanten und andere Tiere im Dzanga-Ndoki-Nationalpark in der Zentralafrikanischen Republik.

Ein Elefant ist auf einer Fliese abgebildet. Sie stammt aus Pakistan und wird auf 2000 v. Chr. datiert.

Herrscher Ptolemeus II. nahm Elefanten aus der oberen Nilregion gefangen, um seine Elefantentruppe aufzustocken. Weiter westlich verluden die Karthager Elefanten auf Schiffe, segelten über das Mittelmeer und zogen in den Kampf gegen die Römer.

Auch König Pyrrhos aus dem antiken griechischen Staat Epirus setzte Elefanten im Kampf gegen die Römer ein. In der Schlacht von Heraclea 280 v. Chr. gerieten die römischen Pferde beim Anblick der Elefanten in Panik und ergriffen die Flucht, sodass König Pyrrhos den Sieg verkündete. Noch über eintausend Jahre lang wurden Kriegselefanten weiterhin trainiert und eingesetzt.

ANTIKE KUNST

Bevor der Mensch den Elefanten bezwang, fürchtete er diesen und verehrte ihn sogar. Einzigartige Felszeichnungen in der Sahara illustrieren die einstige Beziehung zwischen Elefanten und Menschen. Vor Abertausend Jahren war die Wüste Sahara eine riesige Savanne mit Flüssen und vielen Akazien, wie im heutigen Ostafrika. Millionen Tiere durchstreiften die Landschaften, darunter auch Elefanten.

Die Schrift war noch nicht erfunden, doch die Menschen malten und ritzten Bilder ins Gestein. Millionen Felszeichnungen sind heute noch auf großen steinernen Plateaus sichtbar, die aus dem Sand herausragen – wie Seiten aus einem alten Geschichtsbuch. Viele Gravuren zeigen Menschen mit ihren Viehherden, Schafen und Ziegen oder beim Kühemelken. Sie bezeugen die enge Beziehung der Menschen zu ihren Tieren und wie ihr Überleben von ihnen abhing.

Felsgravuren mit Elefanten vermitteln jedoch ein anderes Bild. Oft sind die Elefanten als graue Riesenwesen zu sehen, die über winzige Menschen emporragen. Doch Elefanten waren nicht so riesig – warum wurden sie so gezeichnet? Für Experten ist dies ein Zeichen dafür, dass Elefanten als gigantische, majestätische Tiere angesehen wurden. Die Elefantenexpertin Joyce Poole berichtet von einer Gravur, die einen fröhlich tanzenden Elefanten zeigt, wie bei einer Begrüßungszeremonie. Auf anderen

EXPERTENTIPPS

Kermut Muntet, ein Massai Morani oder Krieger, gibt Tipps zum Kennenlernen wilder Elefanten:

1. Besuche die Massai oder lebe ein paar Monate lang mit ihnen oder einem anderen einheimischen Volk.
2. Beobachte den alltäglichen Umgang der Massai mit wilden und domestizierten Tieren.
3. Denke immer daran, dass Wildtiere wild sind. Halte Distanz, vor allem wenn du einen Elefanten mit einem Kälbchen siehst.

Eine junge Massai-Familie hütet ihre Schafherde.

Der Massai Morani oder Krieger hat ein wachsames Auge auf eine Elefantenfamilie in der Masai Mara in Kenia.

Bildern kauern Menschen ängstlich hinter den Riesen. Wir wissen nicht, was die Künstler tatsächlich empfunden hatten, doch vermutlich brachten sie den Elefanten Ehrfurcht entgegen. Sie hielten sie für dominant und gefährlich – und bewunderten sie gleichzeitig.

ELEFANTENPFADE

Manche afrikanischen Kulturen machten ihr Überleben von Elefanten abhängig. Die afrikanischen Stämme der Massai und Samburu leben südöstlich der Sahara in Kenia und Tansania. Beide gehören sie dem traditionellen Nomadenvolk der Morani an. Die Kultur der Krieger ist Jahrtausende alt. Sie bauen einfache Lehmhütten und leben in der Savanne von der Vieh-, Schaf- und Ziegenzucht.

Wenn es aufhörte zu regnen und das Gras austrocknete, packten die Massai und Samburu traditionell ihre Siebensachen und zogen weiter zu grüneren Weideflächen. Sie bauten neue Hütten und richteten sich darin für die nächsten drei bis vier Jahre ein. Doch woher wussten sie, wohin sie ziehen würden? Sie folgten den Elefanten. „Elefanten sind quasi die Vordenker der Natur. Sie wissen, wo es Nahrung und Wasser gibt", sagt Nickson Kiong'a, der in einem Samburu-Dorf im Norden Kenias lebt. Ohne die Führung der Elefanten

(Fortsetzung auf S. 86)

DIE BEVÖLKERUNG DES ALTEN SYRIENS JAGTE VOR ÜBER 2000 JAHREN IN IHRER REGION ELEFANTEN BIS ZUR KOMPLETTEN AUSLÖSCHUNG.

EXPLORER-INTERVIEW

INKAMBA NKULU CLEMENT

GEBOREN: BRAZZAVILLE, REPUBLIK KONGO
BERUFLICHE TÄTIGKEIT: LEITER DES OGOOUÉ-LEKETI-ELEFANTENPROJEKTES
ORT DER TÄTIGKEIT: REPUBLIK KONGO
JAHRE DER ARBEIT MIT ELEFANTEN: 15
MONATE PRO JAHR VOR ORT: 8

Was ist Ihr Beitrag zur Rettung der Elefanten?
Ich organisiere die Inventarisierung eines noch nicht erfassten Gebiets mit drei Teams: Ein Patrouillenteam inspiziert monatlich das Gebiet und hält die Wilderer fern, ein zweites Team beobachtet Waldlichtungen, an denen sich Elefanten sammeln, und unser Kontrollteam überwacht die Elefanten sämtlicher Schutzzonen.

Was lieben Sie an Ihrer Arbeit?
Ich liebe die Waldelefanten, weil es wunderschöne, edle und inspirierende Exemplare unserer wilden Natur sind. Für einen Ökologen ist das Aufspüren von Elefantenpfaden so, als würde sich ein Fenster öffnen. Plötzlich erwacht der Wald und schenkt uns Lebenszeichen von Elefanten, die sonst unsichtbar blieben.

Was reizt Sie am meisten an der Arbeit vor Ort?
Es gibt nichts Schöneres, als in Stille durch den tiefen Wald zu gehen, entlang eines großen alten Elefantenpfades – auf der Suche nach Baumnarben, abgeweideten Blättern, Fußspuren und warmem, frischem Elefantendung voller Samen, die uns den Baumbewuchs der nächsten eintausend Jahre sichern.

Was mögen Sie gar nicht an Ihrer Arbeit vor Ort?
Die Arbeit im Wald kann gefährlich sein, vor allem wenn du unvorsichtig bist.

Wie kann man sich als Kind auf Ihren Job vorbereiten?
Das Arbeiten mit Elefanten vor Ort braucht Mut und das Wissen darüber, wie man diesen Säugetieren begegnet. Lerne vorher viel über das Verhalten von Elefanten und besorge dir in der Stadt die nötige Ausrüstung.

UNVERGESSLICHER MOMENT

Während meiner Studien über das Fressverhalten von Elefanten vor zehn Jahren erschreckte ich aus Versehen eine ausgewachsene Elefantenkuh mit dem Blitz meiner Kamera. Sie ging auf mich los und ich weiß nicht mehr, wie ich das überlebt habe. Danach wollte ich meinen Job hinschmeißen, doch zum Glück ermutigte mich mein Chef zum Weitermachen.

Eine Herde Afrikanischer Waldelefanten auf ihrem Marsch durch den Odzala-Nationalpark in der Republik Kongo.

würde ihr Vieh nicht überleben. Bis heute sind die Völker der Samburu und Massai von Elefanten abhängig. Sie leben jetzt in festen Dörfern, doch in Dürrezeiten treiben sie ihr Vieh zusammen und folgen den Elefanten, während die Frauen und Kinder in den Dörfern zurückbleiben. „Die Elefanten sind unsere Führer“, sagt Kiong'a.

DEMONSTRATION DER MACHT

Das ursprünglich von Ehrfurcht und sogar Angst geprägte Verhältnis des Menschen zum Elefanten änderte sich über die Jahrhunderte. Die Indus-Kultur war wohl die erste, die wilde Elefanten einfing und zum Arbeiten zwang. Asiatische Elefanten lernten schwere Lasten zu tragen, Baumstämme zu schleppen und als Kriegselefanten in den Kampf zu ziehen.

Elefanten wurden in diesen Gesellschaften Teil des Alltags. Man stellte Elefanten in großen Städten zur Schau, so wie Tiere heute in Zoos vorgeführt werden. Reiche Männer und Frauen besaßen und ritten Elefanten zum Vergnügen, andere wiederum jagten Elefanten aus sportlichen Gründen oder wegen des Elfenbeins – zum Teil bis heute.

ELEFANTEN UND MENSCHEN HEUTE

Rund ein Viertel der Asiatischen Elefanten leben heute in Gefangenschaft und sind meist in Privatbesitz. Die Mahouts vermieten sie als Arbeitstiere, zum Abholzen oder für den Bau. Bemalt und dekoriert müssen sie auf religiösen und zeremoniellen Festparaden marschieren. Nach alter Tradition wird die Praxis der Mahouts von Vätern an die Söhne vererbt. Bereits mit sieben Jahren lernen die Kinder, auf Elefanten zu reiten und sie mit Händen, Füßen und Wörtern zu befehligen. Es wird ihr Beruf und die einzige Einnahmequelle sein.

Diese alten Bräuche sind aber gefährlich und umstritten. Elefanten sind wilde Tiere und müssen erst lernen, Anweisungen zu befolgen. Das Training ist brutal und basiert auf Angst. Oft fesseln Mahouts die Elefanten mit Seilen oder Ketten am Boden und schlagen sie solange, bis sie gehorchen. Manchmal brechen die Elefanten aus und trampeln die Mahouts oder Zuschauer bei Festivals nieder.

Elefanten werden nicht nur in Asien gefangen und zur Arbeit gezwungen. Viele wilde Elefanten in Afrika und Asien werden in ferne Länder verschifft, wo sie im Zirkus oder Zoo ähnlichen brutalen Trainingsmethoden ausgesetzt sind. Zum Glück bemüht man sich heute, in Zoos

Auf das Kommando eines Mahouts schleift dieser Arbeitselefant in Thailand Baumstämme aus dem Wald.

WANDA & GYPSY, ALTE FREUNDE FINDEN SICH WIEDER

Mehrere Jahre lang trat Gypsy in einem Wanderzirkus auf. Als sie zu alt wurde, brachte ihr Besitzer sie zu PAWS in Kalifornien (USA), ein Reservat für ehemalige Arbeitselefanten. Auf dem weitläufigen Grasgelände sollte sie ihren Lebensabend entspannt verbringen. Doch bei ihrer Ankunft erwartete Gypsy – und die Mitarbeiter des Reservats – eine große Überraschung.

Hinter dem Metallgitter eines Geheges stand ein anderer Elefant, Wanda. Gypsy trat näher. Würden die beiden Weibchen gut miteinander auskommen? Ihr freundliches Trompeten und Brummen verhieß ein klares „Ja!" Die Elefanten steckten ihre Rüssel durchs Gitter und berührten einander – als hätten sich alte Freunde nach langer Zeit in der Savanne wiedergetroffen. Wochenlang rätselte man, warum das Paar so schnell miteinander vertraut war. Bis beim Sichten alter Zirkusfilme die PAWS-Mitarbeiter Gypsy in einer Reihe von Elefanten entdeckten. Und neben ihr stand – Wanda! Es stellte sich heraus, dass Gypsy und Wanda vor über 20 Jahren zusammen gearbeitet hatten. Von nun an waren die zwei Freundinnen unzertrennlich.

RETTUNG DER ELEFANTEN IN THAILAND

Im Alter von 16 Jahren besuchte Lek Chailert ein Holzfällercamp in einem Wald im Norden Thailands, nahe ihres Heimatortes. Dort musste sie mit eigenen Augen ansehen, wie Elefanten ohne Pause zum Arbeiten gezwungen und von ihren Besitzern geschlagen wurden, bis sie zusammenbrachen. An jenem Tag beschloss Lek, ihr Leben der Rettung von Elefanten zu widmen.

Ein paar Jahre später errichtete Lek den Elefanten-Naturpark (ENP) vor der Stadt Chiang Mai in Thailand. Sie durchstreifte Wälder und Städte auf der Suche nach Arbeitselefanten, die sie retten konnte. Eines Tages stieß sie auf den Elefanten Medo. Obwohl seine Hüfte gebrochen war, wurde er gezwungen, Baumstämme einen steilen Hang hinaufzuschleppen. Der Elefant schrie vor Schmerzen. Fünf Monate lang musste Lek den Besitzer von Medo überreden, ihr das verletzte Tier zu überlassen, bis sich ihre Hartnäckigkeit schließlich bezahlt machte. Heute lebt Medo mit ihr im weitläufigen Naturgebiet von ENP.

Lek hat bislang über 200 Elefanten das Leben gerettet. Doch nicht nur das: Sie vermittelt den Menschen, warum die Rettung dieser Tiere und ihrer Lebensräume so wichtig ist. Ihr Ziel ist es, dass alle Elefanten in Thailand eine bessere Zukunft haben.

mit Belohnung zu arbeiten. Das heißt, ein Elefant erhält Futter, wenn er die Anweisungen befolgt. Außerdem haben manche Länder Gesetze gegen den Fang und Export von Elefantenbabys erlassen, da diese dadurch zu sehr traumatisiert werden.

Die größten Bedrohungen der wild lebenden Elefanten sind nach wie vor der Verlust ihres Lebensraumes und die Gier des Menschen nach Elfenbein. Heute ist der illegale Elfenbeinmarkt dreimal größer als vor dem Verbot von 1998. Die stärkste Nachfrage kommt aus China und den USA. Man schätzt, dass alle 15 Minuten ein Elefant wegen Elfenbein getötet wird. Schlimmer noch: Dieses „blutige Elfenbein“ finanziert andere illegale Geschäfte und terroristische Gruppierungen. Glücklicherweise bemühen sich weltweit Menschen sehr darum, die Wilderei von Elfenbein zu stoppen und eine auf Respekt basierende Beziehung zwischen Mensch und Elefant wiederherzustellen, bevor es zu spät ist.

RETTUNGSAKTIONEN

ERZÄHLE EINE ELEFANTENGESCHICHTE

Der berühmte Satz „Ein Elefant vergisst nie" beruht auf der Fähigkeit der Elefanten, sich bei ihrer Suche nach Futter, Wasser und Sicherheit an alte Wege zu erinnern. Auch wir Menschen haben ein exzellentes Erinnerungsvermögen.

Geschichten sind viel wirkungsvoller als trockene Fakten, wenn du aufzeigen willst, welchen Gefahren Elefanten täglich ausgesetzt sind. Wenn du etwas über das Leben eines bestimmten Elefanten schreibst, verstehen dich deine Leser leichter und erinnern sich besser daran. Bei dieser Aktion denkst du dir eine Story aus, die deine Kampagne unterstützen soll.

SEI KREATIV

PLANE DEINE ELEFANTENSTORY.

WAS IST DIE BOTSCHAFT? Du kannst über Wilderei oder den Verlust von Lebensraum schreiben, über die erfolgreiche Rettung eines Elefanten oder über etwas ganz anderes.

WIE FINDEST DU DEINE STORY? Erfinde deine eigene Geschichte, erzähle etwas aus diesem Buch nach oder recherchiere eine wahre Begebenheit.

WAS WÄRE EIN GUTES FORMAT? Du könntest zum Beispiel ein Kinderbuch mit Bildern verfassen, ein Gedicht, ein Lied oder ein Theaterstück.

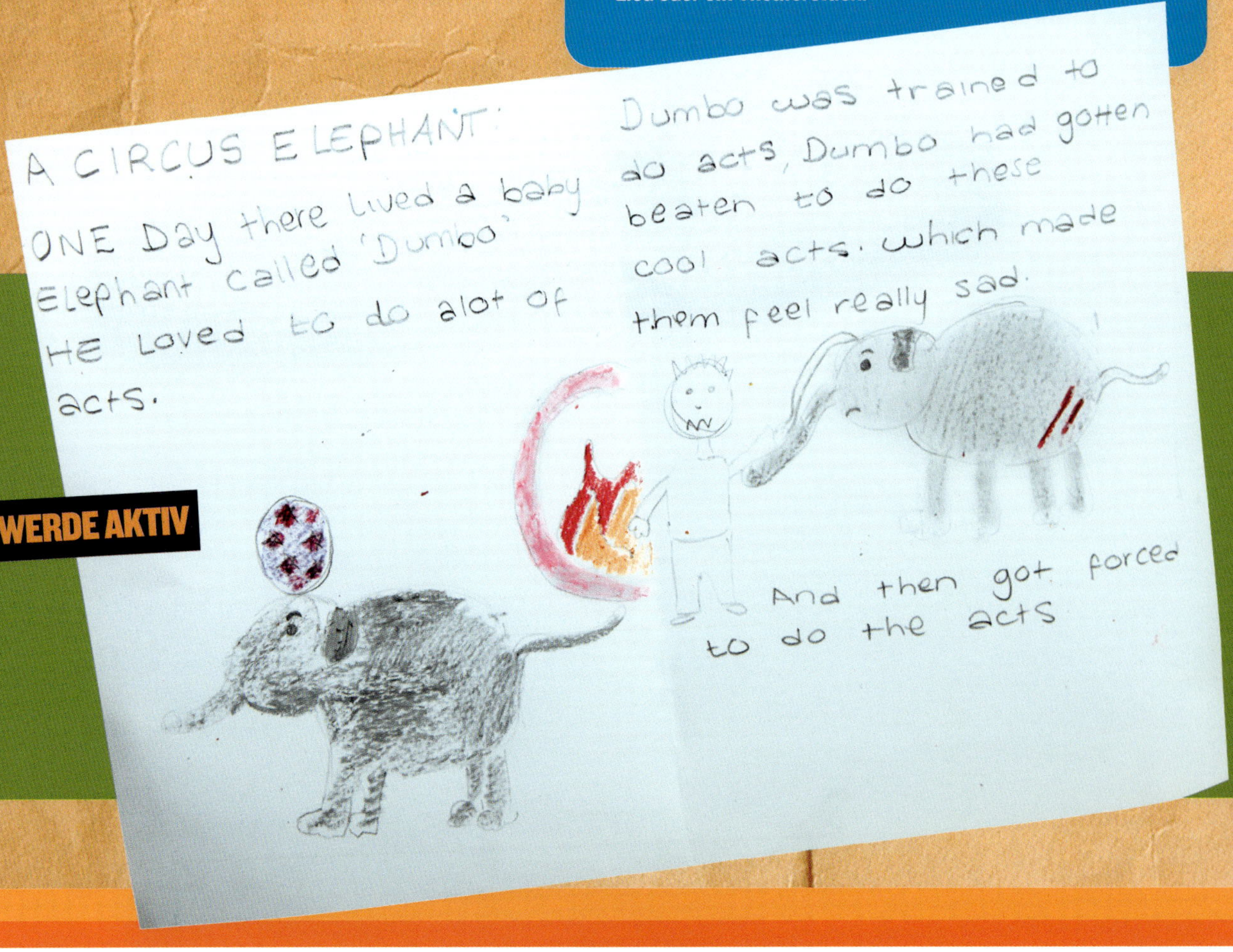

WERDE AKTIV

TEILE DICH MIT

ERZÄHLE ANDEREN DEINE GESCHICHTE.

GIB DEINE GESCHICHTE ANDEREN ZU LESEN. Verteile Kopien deiner Geschichte an Freunde oder lege sie in der Bibliothek aus. Maile ein Exemplar an die Lokalzeitung oder veröffentliche sie selbst im Internet.

PRÄSENTIERE DEINE GESCHICHTE ÖFFENTLICH . Du könntest sie bei einer Lesung persönlich vortragen oder als Theaterstück aufführen.

BITTE DIE LESER UND DAS PUBLIKUM UM UNTERSTÜTZUNG FÜR DEINE KAMPAGNE. Sie könnten eine Petition unterschreiben, dich beim Spendensammeln unterstützen und dabei helfen, auf Elefanten aufmerksam zu machen.

SETZE DEINE KAMPAGNE RICHTIG IN SZENE.

GESTALTE ETWAS AUSSERGEWÖHNLICHES. Verfasse eine gewaltige Story mit nur drei Sätzen und schreibe sie in riesigen Buchstaben auf große Papierbögen.

SUCHE EIN BILD MIT EINEM ELEFANTEN. Gib das Bild mehreren Personen und bitte sie, Kurzgeschichten darüber zu schreiben. Hänge das Bild, die Storys der anderen und deine eigene an eine Wand, damit jeder sie lesen kann.

DAS SCHICKSAL DER ELEFANTEN BLEIBT DEN MEISTEN VON UNS VERBORGEN. Wir leben zu weit weg, um sie überhaupt wahrzunehmen. Schreibe deine Story mit unsichtbarer Tinte, die nur mithilfe von speziellem Licht sichtbar wird. Die Leser, die mit dem Licht deine Geschichte lesen, werden sich viel eher an sie erinnern.

>> EXPERTENTIPPS

Fällt es dir schwer, das richtige Thema für deine Story zu finden? Die folgenden Tipps helfen dir dabei:

1. Erzähle eine wahre Geschichte. Es ist leichter, etwas zu recherchieren und darüber zu erzählen, wenn es tatsächlich geschehen ist. Außerdem berührt es vielleicht deine Leser stärker.

2. Du könntest aus der Elefantenperspektive schreiben oder aus der Sicht einer Person, die ihr Leben dem Schutz von Elefanten widmet.

3. Fasse dich kurz. Manche Leser verlieren bei langen Geschichten schnell die Lust, aber du willst ja auf jeden Fall, dass deine Botschaft sie erreicht!

KAPITEL 6

RETTUNG DER ELEFANTEN

„TROTZ NIEDERLAGEN: BEI ERFOLG BEGREIFST DU, DASS DEIN EINSATZ EINEN WILDEN ELEFANTEN GERETTET HAT.“

—BHASKAR CHOUDHURY, WILDTIERARZT UND RETTER VON ELEFANTEN

Eine Familie Afrikanischer Elefanten stapft durch den dichten, feuchten Sumpf im kenianischen Amboseli-Nationalpark.

Die Rettung der Elefanten kann nur im Team gelingen. Ihr Lebensraum reicht oft über Park- und Ländergrenzen hinweg oder liegt so weit entfernt, dass die Behörden die Dickhäuter kaum im Blick behalten können. Zum Glück wird eine Bewegung immer stärker, die sich dem Schutz der afrikanischen und asiatischen Riesenlandschaften verschrieben hat.

TEAMARBEIT IN TANSANIA UND KENIA

Entlang der Grenze im Süden Kenias und Norden Tansanias verläuft ein Gebiet von 700 km Länge, das sich über beide Länder erstreckt und in dem 16 Schutzparks verstreut liegen. Hier ist eine der größten Populationen Afrikanischer Elefanten beheimatet. Nachdem die Wilderei wieder massiv zugenommen hat, taten sich Wissenschaftler, Tierschützer, Regierungsbeamte und Einheimische aktiv zusammen.

Nachdem sie zunächst eine detaillierte Landkarte erstellten, werden nun Informationen über lokale Elefantenpopulationen gesammelt. Man will die Bewegungen der Elefanten in der Region kartografieren, Konfliktgebiete von Mensch und Tier identifizieren und Brennpunkte der Wilderei markieren. Gemeinsam erarbeiten beide Länder grenzüberschreitende Strategien zum Schutz der Elefanten. Die Initiative steht zwar am Anfang, ist jedoch ein Meilenstein.

Parallel dazu versuchen lokale Organisationen, Lücken zu schließen. Dem kenianischen Amboseli-Nationalpark fehlte es an Material und Arbeitskräften, um die Wilderei zu bekämpfen. Jenseits der Grenze, in Tansania, wohin manche Amboseli-Elefanten wandern, war die Situation noch schlimmer, bis die Organisation Big Life Foundation zu Hilfe kam. Sie rekrutierte über 300 einheimische Massai-Krieger und bildete ein neues Parkwächter-Team aus, um beidseits der Grenze die Wilderer aufzuspüren. Es ist nicht leicht, auf einer Fläche von über 80 Millionen Hektar zu patrouillieren, doch die Ranger ließen sich nicht entmutigen. In den ersten zwei Jahren nahmen sie über 600 Wilderer fest – für die Region ein enormer Erfolg.

(Fortsetzung auf S. 99)

RETTUNG DER TIERE!

ELEFANTEN-ERMITTLER

Bryan Christy unterstützt den Kampf für Elefanten und wirft hierzu viele Blicke hinter die Kulissen. Seine ernsthafte Detektivarbeit ist mitunter auch gefährlich. Der bekannte Enthüllungsjournalist und öffentliche Redner reist um die Welt und deckt die Geheimnisse des illegalen Tierschmuggels und sonstiger Umweltverbrechen auf. Sein Einsatz vor Ort hat ihm schon gefährliche Situationen beschert. Er wurde von einem Blutpython zwischen die Augen gebissen, von einem Alligator verfolgt und von einer Wolfspinne bespritzt.

Mit besonderem Engagement bekämpft Christy die Wilderei von Elefanten. 2012 veröffentlichte er im *National Geographic Magazine* einen Artikel mit dem Titel „Blutiges Elfenbein". Darin schilderte er erstmals im Detail die Paxis des illegalen Elfenbeinschmuggels in verschiedenen Ländern.

Daneben versucht Christy die Öffentlichkeit im Kampf für Elefanten über viele Kanäle zu mobilisieren, z. B. mit Vorträgen an Universitäten und bei internationalen Organisationen. Er fordert Menschen auf, sich zu informieren und über das Schicksal der Elefanten auf dem von ihm mitgegründeten Blog „A Voice for Elephants" zu sprechen.

Christy erhielt von National Geographic 2014 die Auszeichnung „Explorer des Jahres". Sein umfassender Beitrag zur Bekämpfung der Wildtier-Kriminalität zählt als einer der zehn Wege, mit denen National Geographic die Welt verändert.

Fünf Megatonnen illegales Elfenbein werden im Tsavo-East-Nationalpark in Kenia von der Behörde verbrannt.

EXPLORER-INTERVIEW

DAME DAPHNE SHELDRICK

GEBOREN: KENIA
BERUFLICHE TÄTIGKEIT: GRÜNDERIN DES DAVID SHELDRICK WILDLIFE TRUST
ORT DER TÄTIGKEIT: KENIA
JAHRE DER ARBEIT MIT ELEFANTEN: 50
MONATE PRO JAHR VOR ORT: 12

Was ist Ihr Beitrag zur Rettung der Elefanten?
Wir haben über 150 verwaiste Elefanten gerettet, aufgezogen und wieder in die Wildnis des Tsavo-East-Nationalparks zurückgeführt. Den Kenya Wildlife Service unterstützen wir mit Sicherheitsmaßnahmen, Treibstoff, acht voll ausgestatteten Anti-Wilderei-Teams in Kooperation mit Wildhütern und einer täglichen Luftüberwachung. Außerdem finanzieren wir drei komplett ausgestattete mobile Tierarzteinheiten.

Was lieben Sie an Ihrer Tätigkeit?
Der schönste Lohn ist, wenn ein früheres Elefanten-Waisenkind, das jetzt ein normales Leben in der Wildnis führt, sein wild geborenes Kälbchen vorbeibringt, um es seiner Menschenfamilie (den Pflegern) zu zeigen.

Was reizt Sie am meisten an der Arbeit vor Ort?
Inmitten der Natur zu sein. Es hebt den Geist, erfrischt die Seele, macht uns bescheiden und rückt die eigenen Sorgen wieder in die rechte Perspektive.

Was mögen Sie gar nicht an Ihrer Arbeit vor Ort?
Es bricht uns jedes Mal aufs Neue das Herz, wenn ein geliebtes Elefantenbaby in unseren Armen stirbt. Meine vergossenen Tränen würden eine Badewanne füllen.

Wie kann man sich als Kind auf Ihren Job vorbereiten?
Tiefe Liebe und ein echtes Gespür für die Natur sind ein Muss, genau wie die Ehrfurcht vor dem Leben und das Verständnis, dass jedes Lebewesen zur Erde gehört und für das Wohl und Gleichgewicht des Ganzen notwendig ist. Du musst alles tun, was du kannst, um zu helfen, zu retten und für Tiere in Not zu sorgen. Besonders wichtig ist: Abschied nehmen zu können, wenn es an der Zeit ist.

Daphne Sheldrick spielt mit einem elternlosen Elefantenbaby im Elefantenwaisenhaus David Sheldrick Wildlife Trust in Nairobi, Kenia.

UNVERGESSLICHER MOMENT

Unvergessen ist meine Begegnung mit einem majestätischen, wilden Elefantenbullen, dessen gigantische Stoßzähne bis zum Boden reichten. Unsere Elefantenwaisen wurden von ihm und seiner wilden Herde freundlich aufgenommen. Und weil unsere früheren Schützlinge uns vertrauten, akzeptierte auch er uns als vertrauenswürdige Freunde.

RETTUNG DER TIERE!

SCHUTZ DER ELEFANTEN IN SAMBIA

Über 100.000 Elefanten durchstreiften einst das Luangwa-Tal in Sambia, bis Wilderer wegen des Elfenbeins in das Gebiet vordrangen. Einheimische willigten ein, den Wilderern beim Töten der Elefanten zu helfen. Nur so konnten sie zu Geld kommen und ihre Familien versorgen. 1968 waren nur noch etwa 1000 Elefanten übrig. Die grauen Riesen brauchten Hilfe, und zwar dringend. Der im Norden Sambias aufgewachsene Tierschützer Hammer Simwinga hatte eine Idee.

Hammer Simwinga wusste, dass Elefanten den Dorfbewohnern auch in anderer Form als Einnahmequelle dienen konnten, und zwar als Ökotourismus. Er gründete eine gemeinnützige Organisation und lieh den Einheimischen Geld, um ihr eigenes Geschäft starten zu können. Sie pflanzten Getreide und bald entstanden kleine Läden entlang der neuen „Hauptstraßen“, welche die Produkte der Bauern verkauften und Buchhalter oder Verkäufer einstellten. So hatten die Menschen eine finanzielle Alternative gefunden und die Wilderei in der Region ging zurück. Heute blüht der North-Luangwa-Nationalpark wieder auf und immer neue Safari-Lodges bieten weitere Arbeitsplätze. Hammer Simwinga trug dazu bei, dass sich das Leben von über 35.000 Menschen in 60 Dörfern verändert hat!

Afrikanische Elefanten im Gorongosa-Nationalpark in Mosambik unterbrechen ihre Wanderung zum Fressen. Um ihre riesigen Mägen zu füllen, sind die Elefanten beinahe den ganzen Tag unterwegs auf Nahrungssuche.

DNA-DETEKTIVE

Ein schlauer Wissenschaftler hat eventuell eine Lösung gefunden, wie afrikanische und asiatische Behörden die Wilderei bekämpfen könnten. Das Team um den Biologen Samuel Wasser am „Center for Conservation Biology“ (Universität Washington) sammelt Elefantenkot in ganz Afrika. Im Labor entnehmen sie den Proben die DNA und erstellen eine Referenzkarte des Kontinents. Wenn Behörden illegale Elfenbeinverstecke in Afrika, Asien, Europa, Nordamerika oder anderswo finden, senden sie das Elfenbein in Samuel Wassers Labor.

Durch den DNA-Vergleich des Elfenbeins mit der Referenzkarte kann Samuel Wasser oft die Herkunft des Elfenbeins exakt bestimmen. Mit der Zeit wird die Karte Zentren der Wilderei und kontinentale Handelsrouten aufzeigen, sodass sich die Staaten, Nationalparks und gemeinnützigen Organisationen auf die am stärksten gefährdeten Gebiete konzentrieren können.

ÖKOTOURISMUS

Touristen zahlen Geld, um Elefanten oder andere Tiere der Wildnis zu sehen. Man spricht von Ökotourismus, denn ein Teil des Geldes unterstützt den Schutz der

Hütte im Gorongosa-Nationalpark in Mosambik.

Lebensräume. Die Idee ist so populär geworden, dass man in Afrika manchenorts mit viel Aufwand Wildtiere in verlassene Gegenden zurückbringt.

In den bergigen Regenwäldern, üppigen Sümpfen und Grassavannen des Gorongosa-Nationalparks in Mosambik lebten vor vierzig Jahren zahllose Wildtiere, bis ein 15 Jahre dauernder Bürgerkrieg das Land verwüstete. Um nicht zu verhungern, töteten die Soldaten die Tiere und Wilderer profitierten von dem Chaos. Mehr als 90 Prozent des großen Tierbestandes im Park verschwanden und die Elefantenpopulation sank von über 4000 auf nur 150 Exemplare.

Ein paar Jahre später gründete ein wohltätiger Amerikaner zusammen mit der Regierung von Mosambik das Rorongosa-Restaurierungsprojekt, um die Naturschönheit des Parks zurückzugewinnen. Hunderte Büffel, Gnus, Zebras und einige Elefantenbullen aus anderen Wildreservaten wurden mit Trucks herangefahren. Touristen werden von einheimischen Scouts auf den Berg Gorongosa geführt und schlafen in den Lodges, die im Park für den Ökotourismus errichtet wurden.

Heute blüht die Tierwelt im Gorongosa wieder auf. Alleine die Elefantenpopulation ist auf 350 Individuen gestiegen. Der Park hat noch einen langen Weg vor sich, bis er sich vollständig erholt hat, doch mit Unterstützung des Gorongosa-Restaurierungsprojektes haben die Menschen vor Ort, Touristen und Tiere wieder eine Chance.

ÜBERLEBENSKAMPF IN ASIEN

In Asien dringen die Menschen täglich tiefer in die Lebensräume der Elefanten vor. Die wenigen noch vorhandenen Elefantengebiete gehen weiter zurück und die Konflikte verschärfen sich. Mit dem Bau von Korridoren oder breiten Landstreifen will man geschützte Gebiete miteinander verbinden, sodass die Wildtiere sicher wandern können. Die Organisation IFAF (International Fund for Animal Welfare) leitet diese Bemühungen. Ihr erstes Großprojekt ist die Verbindung zweier Elefantengebiete im Nordwesten von Indien.

Im niedrigen Grasland des Kaziranga-Nationalparks in Assam leben Elefanten, Rhinozerosse, Lippenbären, Tiger und Hunderte anderer Tierarten. Der Fluss Brahmaputra begrenzt den nördlichen Rand des Parks und versorgt die Tiere mit üppiger Vegetation und ganzjährig mit Wasser. Während der Monsunzeit ist dies jedoch problematisch, denn die Wassermassen schwellen an und überfluten die Ebenen. Die Tiere flüchten aus

ANIMAL SUPERPOWERS: CLEVERE GESCHÖPFE

ELEFANTEN IM FOKUS

ELEFANTEN HELFEN MENSCHEN

Seit Jahrhunderten helfen Elefanten den Menschen, schwere Lasten zu schleppen. Diese ausbeuterische Praxis ist sehr umstritten. Viele Leute, darunter Wissenschaftler, Tierschützer und auch einfache Bürger, kämpfen für ein Ende dieser Quälerei.

Von Mahouts trainiert, schleppen die Elefanten Baumstämme aus den steilen Teakholz-Wäldern in Myanmar – eine Schwerstarbeit selbst für die kräftigen Riesen.

Als Südostasien 2004 von dem tödlichen Tsunami im Indischen Ozean getroffen wurde, halfen Elefanten den Überlebenden beim Aufräumen.

Elefanten bei Jaipur in Indien tragen Touristen auf einem Bergpfad zu dem 400 Jahre alten Bernsteinpalast.

BEGEGNE EINEM ELEFANTEN

TINKU, EIN WAISENKIND

Als Tinku gerade zwei Monate alt war, nahm sein Leben eine schlagartige Wendung. In seiner Heimat, dem Kaziranga-Nationalpark in Assam, Indien, marschierte Tinku in eine Teeplantage und fiel in einen Entwässerungskanal. Er schrie nach seiner Familie, doch sie konnte ihn aus dem tiefen Graben nicht befreien. Alle Hoffnung schien verloren, bis Mitarbeiter des Forstamtes von Assam herbeieilten.

Unter den Augen vieler Schaulustiger hievten die Rettungskräfte den kleinen Elefanten aus der Grube. Endlich war er frei – doch seine Familie war nicht in Sicht. Die lauten Maschinen der Männer hatten die Elefanten in den Wald getrieben. So brachte man Tinku in ein nahegelegenes Zentrum zur Rettung von Wildtieren, wo Pfleger ihn und andere verwaiste Elefanten seines Alters mit Milch aus der Flasche aufzogen. Als die kleinen Dickhäuter groß und stark genug waren, entließ man sie in die Wildnis eines anderen Nationalparks. Heute zieht Tinku wieder mit wilden Elefanten frei durch die Wälder.

dem Park in höhere und trockenere Gefilde. Dabei stoßen sie jedoch auf eine Vielzahl gefährlicher, von Menschenhand gemachter Hindernisse wie Autobahnen, Bewässerungsgräben, Elektrozäune und Eisenbahnlinien.

IFAW arbeitet mit den Dorfbewohnern vor Ort zusammen, um einen geschützten Landkorridor zu schaffen, der den Park mit einem Wildreservat auf der anderen Seite der Dörfer verbindet und der den Elefanten und anderen Tieren eine sichere Durchquerung ermöglicht. Das Projekt ist so erfolgreich, dass IFAW bereits weitere Korridore in anderen Teilen Indiens vorbereitet.

ZURÜCK ZUR WILDNIS

In vielen Heimatländern des Asiatischen Elefanten gibt es schon lange keine intakten Lebensräume mehr und die Konflikte mit den Menschen nehmen stetig zu. Die Bauernhöfe der Dörfer Prey Proseth und Trang Troyeng im Südwesten von Kambodscha grenzen direkt an den Regenwald. Nachts wagen sich die Elefanten heraus und fressen das Getreide der Bauern ab, weshalb sie früher oft erschossen wurden. Da hatte der passionierte Tierschützer Tuy Sereivathana, kurz Vathana genannt, eine Idee, wie die Bauern die Elefanten erfolgreich vertreiben konnten, ohne sie zu töten.

Vathana arbeitet für die weltweite Schutzorganisation Fauna & Flora International. Er half mit, eine kommunale Überwachungsgruppe einzurichten, die abwechselnd Nachtwache hält. Sobald sich ein Elefant dem Getreide nähert, stößt er an einen Draht. Die Wachposten werden alarmiert und schießen Feuerwerkskörper ab. Dies schreckt die Elefanten auf und sie laufen in den Regenwald zurück, ohne dabei verletzt zu werden. Kein einziger Elefant ist seit Beginn des Projektes vor acht Jahren ums Leben gekommen. Heute schützen die Menschen vor Ort nicht nur die Elefanten, sondern respektieren sie wieder als majestätische Wildtiere.

Ein einzelner Mensch kann die Elefanten nicht alleine retten – das ist klar. Doch wir hoffen, dass sich die Begeisterung in Afrika und Asien für Rettungsmaßnahmen wie die Wildtier-Korridore, Anti-Wilderei-Projekte oder sonstige kreative Lösungen weiter verbreitet, sodass die Elefantenpopulationen größere Überlebenschancen haben. Bist auch *du* bereit, bei der weltweiten Rettung der Elefanten mitzuhelfen?

Pfleger des David Sheldrick Wildlife Trust in Nairobi, Kenia, füttern Babymilch mit Flaschen an die verwaisten Elefantenkälber.

RETTUNG DER TIERE!

AUFZUCHT VON ELEFANTENBABYS

Das Elefantenwaisenhaus David Sheldrick Wildlife Trust im Nairobi-Nationalpark in Kenia hat schon über 150 Babyelefanten gerettet. Die Gründerin der Organisation, Daphne Sheldrick, hat es als Erste geschafft, einen unter zwei Jahre alten, elternlosen Afrikanischen Elefanten aufzuziehen. Sie entwickelte eine spezielle Babymilch als Ersatz für die Milch der Elefantenmutter und richtete für die Waisen neue „menschliche" Familien mit Elefantenpflegern ein, anstelle der ursprünglichen Elefantenfamilien.

Heute hat das Waisenhaus sehr viel zu tun, da die Wilderei zunimmt und immer mehr erwachsene Elefanten durch Menschenhand den Tod finden. Die Aufzucht der Babyelefanten erfolgt rund um die Uhr. Die Pfleger füttern sie alle drei Stunden mit Flaschenmilch, führen sie mittags in den Busch für ein Schlammbad oder Ballspiel und schlafen nachts sogar neben den Dickhäutern. Eines Tages werden sie ausgewildert, um mit ehemaligen Elefantenwaisen und weiteren Artgenossen in einer wilden Herde zu leben. Viele Elefanten kehren für einen Besuch zurück, wie die Elefantenkuh Emily, die sogar ihr Neugeborenes ihrer früheren Menschenfamilie vorstellte – ein unvergesslicher Tag für Daphne und die Pfleger.

RETTUNGS-AKTIONEN

INSZENIERE EINEN EINSATZ AM TATORT

Zu viele Elefanten werden umgebracht, ohne dass man weiß, wer der Täter war. Die Wilderei der Elefanten wegen Elfenbein stellt eine der größten Bedrohungen für die Dickhäuter dar. Zum Glück arbeiten manche Leute rund um die Uhr daran, die Wilderer zu stoppen, die solche Verbrechen begehen.

Bist du bereit dafür, eine Tatortermittlung durchzuführen? Ziel deiner Ermittlungen ist es, diejenigen zu finden, die schuld daran sind, dass Elefanten durch Wilderei sterben müssen und ihre Lebensräume verlieren. Diese Rettungsaktion soll die Menschen wachrütteln – reiße sie aus ihrem Allag heraus und sprich mit ihnen über deine Kampagne.

SEI KREATIV

BEREITE DEN TATORT VOR

STELLE EIN TEAM ZUSAMMEN. Besorgt euch Kreide, eine Tafel und ein paar Infos über die Anzahl der gewilderten Elefanten pro Jahr. Zieht offizielle Kleidung an, z. B. einen Anzug oder Laborkittel.

INSTALLIERT EINEN FIKTIVEN TATORT MIT EINEM GEWILDERTEN ELEFANTEN. Sucht euch zuerst einen großen öffentlichen Platz, an dem viele Leute vorbeikommen.

ZEICHNET MIT KREIDE ODER KLEBEBAND DIE EXAKTEN UMRISSE EINES ELEFANTEN AUF DEN BODEN. Es soll aussehen wie die von der Polizei markierten Umrisse von Toten, wenn Verbrechen untersucht werden.

WERDE AKTIV

FÜR DIE ZEUGENBEFRAGUNG DURCH

BEFRAGE VORBEILAUFENDE ZEUGEN. Frage die Passanten mit ernster Stimme, ob sie etwas Verdächtiges bemerkt oder jemanden gesehen haben, der Stoßzähne mit sich trug.

ERLÄUTERE DEINE *TATSÄCHLICHE* ABSICHT. Schildere das Problem der Wilderei von Elefanten. Halte Fotos und Fakten bereit, falls die Passanten mehr Informationen wünschen.

BITTE UM UNTERSTÜTZUNG. Die Leute können deine Petition unterzeichnen, beim Spendensammeln helfen oder deine Botschaft weiter verbreiten.

TEILE DICH MIT

VERBREITE DEINE BOTSCHAFT

BERICHTE DEN MEDIEN VON DEINER AKTION, damit noch mehr Menschen davon erfahren. Maile vor der Aktion eine Einladung an die Lokalzeitungen, Radio- oder Fernsehsender.

FOTOGRAFIERE VIEL WÄHREND DER AKTION oder mache sogar ein kurzes Video. Bitte die Passanten, ein Foto von deinem Tatort zu machen und sie mit Erklärungen online zu stellen.

NACH DEINER AKTION: Schreibe eine E-Mail über deine Aktion und erläutere darin, weshalb du sie gemacht hast. Verschicke das Mail zusammen mit den besten Fotos an Zeitungen, Newsletters, Blogs und an alle, die sich für deine Kampagne interessieren könnten.

WERDE EIN EXPERTE

Viele arbeiten beruflich direkt oder indirekt mit Elefanten. Wenn du in der Schule gute Noten hast, könntest du folgenden Beruf anstreben:

TIERARZT
Er besitzt viel medizinisches Wissen über Tiere, ihre Gesundheit und Hilfe in Notlagen. Die meisten Tierärzte behandeln Katzen, Hunde oder Tiere auf dem Bauernhof, doch manche versorgen auch Elefanten im Zoo und in der Wildnis.

CAMPAIGNER
Als „Campaigner“ sensibilisierst du andere für das Schicksal der Elefanten und kannst Geld sammeln, so wie mit den Aktionen in diesem Buch.

GEOGRAF
Geografen untersuchen die Zusammenhänge von Menschen, Wildtieren und Lebensräumen. Sie unterstützen Regierungen und Organisationen bei Maßnahmen zum Schutz von Elefanten.

Eines Tages wird Zongoloni frei durch die afrikanische Savanne ziehen, so wie dieser wilde, ausgewachsene Elefant.

AUSBLICK

Mehrere Monate sind seit Zongolonis Rettung vergangen. In ein paar Jahren darf sie zu den älteren Elefantenwaisen stoßen, die in einer Rückführungseinheit des David Shedrick Wildlife Trust nahe des Tsavo-East-Nationalparks leben, und sich unter andere Elefantenherden mischen. Und wenn sie acht bis zehn Jahre alt ist, wird ihr geholfen, ein Leben außerhalb des Waisenhauses zu führen.

Doch auch nach Zongolonis Auswilderung wird sie im Waisenhaus jederzeit willkommen sein. Ehemalige Waisen kehren oft zurück. Manche sagen nur kurz „Hallo“, andere tauchen mit Verletzungen auf, da sie wissen, dass sie hier gut versorgt werden. Und mancher Elefant schaut sogar mit seinen wild geborenen Nachkommen vorbei, um sie der Menschenfamilie zu zeigen. Die Pfleger des David Sheldrick Wildlife Trust hoffen, auch Zongoloni eines Tages mit einem eigenen Kalb wiederzusehen. Bisher sind sie aber erst einmal froh darüber, dass ihre körperlichen und emotionalen Wunden geheilt sind.

Eine tapfere und glücklich wirkende Zongoloni steht aufrecht in ihrem neuen Zuhause im David Sheldrick Wildlife Trust.

>> QUELLEN

WILLST DU MEHR WISSEN?

Hier findest du spannende Quellen zum weiteren Recherchieren, wenn du die *Mission: Rettung der Elefanten* fortsetzen möchtest!

BÜCHER UND TEXTE

Downer, Ann. ***Elephant Talk: The Surprising Science of Elephant Communication.*** Minneapolis, Minnesota: Twenty-First Century Books, 2011.

Joubert, Beverly and Dereck Joubert. ***Face To Face With Elephants.*** Washington, D.C.: National Geographic Society, 2008.

Kingdon, Jonathan. ***Mammals of Africa.*** New York: A&C Black, 2013.

O'Connell, Caitlin and Donna M. Jackson. ***The Elephant Scientist.*** New York: Houghton Mifflin Harcourt Publishing, 2011.

Shoshani, Jeheskel. ***Elephants: Majestic Creatures of the Wild.*** New York: Checkmark Books, 2000.

Sukumar, Raman. ***The Story of Asia's Elephants.*** Mumbai: Marg Foundation, 2012.

Van Aarde, Rudi. **„Elephants: A Way Forward."** Kapstadt, Südafrika: International Fund for Animal Welfare, 2013.

FILME

An Apology to Elephants. Regie: Amy Schatz. Mitwirkung: Lily Tomlin. HBO-Dokumentarfilme, 2013.

Battle for the Elephants. Regie: John Heminway. Produktion: Katie Carpenter, John Heminway und J. J. Kelly. Mitwirkung: Jonathan Davis. PBS, 2013.

Cynthia Moss on Elephant Mothers. International Fund for Animal Welfare. Web video.

Echo: An Elephant to Remember. Regie: Mike Birkhead. Mitwirkung: Martin Colbeck und Cynthia Moss. PBS, 2010.

Echo of the Elephants. Produktion: Marion Zunz. Mitwirkung: David Attenborough und Cynthia Moss. BBC, 1993.

Elephant Rage. Produktion: David Hamlin. National Geographic Channel, 2005.

Elephant Whisperer. Regie: Johann Sigfusson. Produktion: Anna Dis Olafsdottir und Johann Sigfusson. Parthenon Entertainment, 2012.

Forest Elephants: Rumbles in the Jungle. Produktion: Lucy Meadows. Mitwirkung: Richard Armitage. BBC, 2009.

Great Migrations: Feast or Famine. Prod.: David Hamlin. Mitwirkung: Alec Baldwin. National Geographic Channel, 2010.

Secret Language of Elephants. Online video. CBS News. *60 Minutes,* 26. Dezember 2010.

War Elephants. Regie: David Hamlin. Mitwirkung: Bob Poole und Joyce Poole. National Geographic Wild, 2012.

ONLINE

African Conservation Center
Ein Zentrum, das für den Erhalt der Lebensvielfalt und das Wohlergehen aller Menschen und der Umwelt arbeitet.
www.conservationafrica.org

Amboseli Trust for Elephants
Eine Organisation, die sich für den Erhalt der Afrikanischen Elefanten einsetzt.
www.elephanttrust.org

Cambodian Elephant Conservation Group
Eine Gruppe, die sich ums Überleben des Asiatischen Elefanten kümmert.
http://www.fauna-flora.org/explore/cambodia

Celia's Corner
Eine Kampagne, die für den Stopp des Elfenbeinhandels kämpft.
www.ecosysaction.org/celia's-corner

Center for Conservation and Research
Wirbt für den Erhalt der Umwelt durch Wissenschaft in Sri Lanka
www.ccrsl.org

Foundation for Wildlife and Habitat Conservation
Schutzorganisation, die sich für den Rückgang der Wilderei und für die Verbesserung der Lebensbedingungen der ländlichen Bevölkerung in Sambia einsetzt.
www.fwhc.net

Save the Elephants
Eine Gruppe, die sich weltweit um den Schutz der Elefanten und ihre Lebensräume bemüht.
www.savetheelephants.org

Wildlife Conservation Society
Gesellschaft zur weltweiten Rettung wilder Tiere und Lebensräume.
http://www.wcs.org

Wildlife Films Botswana
Wirbt für den Schutz der Wildtiere mit TV-Dokumentationen und Filmen.
www.wildlifefilms.co

AUSWAHL WISSENSCHAFTLICHER ARTIKEL

Campos-Arceiz, Ahimsa und Steve Blake. „Megagardeners of the Forest—the Role of Elephants in Seed Dispersal." *Acta Oecologica* 37 (2011): 542–553.

Chiyo et al. „Association Patterns of African Elephants in All-Male Groups: The Role of Age and Genetic Relatedness." *Animal Behavior* 81 (2011): 1093–1099.

Christy, Bryan. „Ivory Worship." *National Geographic* (Oktober 2012).

„Elephants in the Dust: The African Elephant Crisis." United Nations Environmental Program, 2013.

Fortham, Deborah et al. „An Elephant in the Room: The Science and Well-Being of Elephants in Captivity." Tufts Center for Animals and Public Policy, 2009.

Hart, et al. „Large Brains and Cognition: Where Do Elephants Fit In?" *Neuroscience and Biobehavioral Reviews* 32 (2008): 86–98.

Maisels F., Strindberg S., Blake S., Wittemyer G., Hart J., et al. „Devastating Decline of Forest Elephants in Central Africa." *PLoS ONE* 8(3) (2013): e59469. doi:10.1371/journal.pone .0059469

McComb et al. „Leadership in Elephants: The Adaptive Value of Age." *Proceedings of the Royal Society B* (2011): 278, 3270–3276.

Poole, Joyce und Cynthia Moss. „Elephant Sociality and Complexity." In *Elephants and Ethics: Toward a Morality of Coexistence,* Hrsg. Christen Wemmer und Catherine A. Christen, 69–100. Baltimore, Maryland: Johns Hopkins University Press, 2008.

Poole, Joyce und Petter Granli. „Mind and Movement: Meeting the Interest of Elephants." In *An Elephant in the Room* Hrsg. Deborah L. Forthman, Lisa F. Kane, Parsel F. Waldau, Robert P. D. Atkinson, 2–15. North Grafton, Massachusetts: Tufts Center for Animals and Public Policy, 2009.

Siebert, Charles. „Orphans No More." *National Geographic* (September 2011).

Sukumar, Raman. „A Brief Review of the Status, Distribution and Biology of Wild Asian Elephants." Zoological Society of London, 2006.

Turkalo, Andrea K. und J. Michael Fay. „Forest Elephant Behavior and Ecology: Observations From the Dzanga Saline." In *African Rainforest Ecology & Conservation,* Hrsg. William Weber, Lee J. T. White, Amy Vedder und Lisa Naughton-Treves, 207–213. New Haven, Connecticut: Yale University Press, 2001.

IM BUCH GENANNTE ORGANISATIONEN

Big Life Foundation
Mehr Infos dazu findest du auf Seite 94.
www.biglife.org

The David Sheldrick Wildlife Trust
Mehr Infos dazu findest du auf den Seiten 12, 96, 103 und 107.
www.sheldrickwildlifetrust.org

Elephant Nature Park
Mehr Infos dazu findest du auf Seite 89.
www.elephantnaturepark.org

The Elephant Sanctuary
Mehr Infos dazu findest du auf Seite 53.
www.elephants.com

ElephantVoices
Mehr Infos dazu findest du auf den Seiten 19 und 24.
www.elephantvoices.org

Fauna & Flora International
Mehr Infos dazu findest du auf Seite 102.
http://www.fauna-flora.org

Gorongosa Restoration Project
Mehr Infos dazu findest du auf den Seiten 19 und 100.
www.gorongosa.org

International Fund for Animal Welfare
Mehr Infos dazu findest du auf den Seiten 100 und 102.
www.ifaw.org/united-states

Jawaharlal Nehru Centre for Advanced Scientific Research
Mehr Infos dazu findest du auf Seite 43.
www.jncasr.ac.in

Ogooué Leketi Elephant Project
Mehr Infos dazu findest du auf den Seiten 80 und 84.
programs.wcs.org/congo

Performing Animal Welfare Society
Mehr Infos dazu findest du auf Seite 88.
www.pawsweb.org

University of Washington Center for Conservation Biology
Mehr Infos dazu findest du auf Seite 99.
www.conservationbiology.uw.edu

Wildlife Trust of India
Mehr Infos dazu findest du auf Seite 58.
www.wti.org.in

AN DIESEN ORTEN DER WELT KANN MAN ELEFANTEN SEHEN:

Amboseli-Nationalpark, Kenia
David Sheldrick Wildlife Trust, Kenia
Elephant Nature Park, Provinz Chiang Mai, Thailand
Gorongosa-Nationalpark, Mosambik
Kaziranga-Nationalpark, Indien
Okavango-Delta, Botswana
Performing Animals Welfare Society (PAWS), Kalifornien, USA

INDEX

Fettdruck verweist auf Bilder.

>> BILDNACHWEISE

ABKÜRZUNGEN BILDNACHWEISE: GI=Getty Images, IS=iStockphoto, MP=Minden Pictures, NGC=National Geographic Creative, SS=Shutterstock

Oben = O; unten = U; Mitte = M; links = L; rechts = R; alle = A; Beide: B

UMSCHLAG VORDERSEITE: Karl Ammann/GI **UMSCHLAG RÜCKSEITE:** Denis-Huot/naturepl.com **BUCHRÜCKEN:** Lori Epstein/NGC; **TITELSEITE:** 1, Beverly Joubert; 2–3, Michael Nichols/NGC; 4–5, Beverly Joubert/NGC; 6 (L), Marina Cano Trueba/SS; 6 (M), SecondShot/SS; 6 (O), Tim Fitzharris; 6 (U), Karl Ammann/Digital Vision; 7 (UR), Matthias Breiter/ Mindcn Pictures; 7 (OR), Darren Moore; 7 (OL), Lisa & Mike Husar; 7 (UL), Tim Davis/Corbis; 8–9, Beverly Joubert; 10–11, David Sheldrick Wildlife Trust; 12–13 (A), David Sheldrick Wildlife Trust **KAPITEL 1:** 14–15, Chris Johns/NGC; 16 (U), Michael Nichols/NGC; 18–19, Jake Wall; 19 (M R), ElephantVoices; 20, Terry Biddle; 21, Chris Johns/NGC; 22, Michael Nichols/NGC; 23 (M L), David Woodfall/MP; 23 (UM), Richard du Toit/MP/NGC; 23 (OR), Ben Horton/NGC; 23 (M R), Diane Levit/Design Pics/GI; 24 (OR), ElephantVoices; 24–25, Sergio Pitamitz/NGC; 26 (UL), Kevin Schafer/MP; 26–27, Kevin Schafer/MP; 28 (B), Daniel Raven-Ellison; 29 (M), Daniel Raven-Ellison; 29 (UR), Tim Fitzharris **KAPITEL 2:** 30–31, Beverly Joubert/NGC; 32, Gary Hincks / Science Source; 32 (O M) Enno Kleinert/Alamy; 32 (UR) 176/Corbis; 33 (M L), Nick Garbutt/naturepl.com/NaturePL; 33 (O M), Jason Edwards/NGC; 33 (OR), Thomasaurus/IS; 33 (UR), Michael Nichols/NGC; 33 (UL), Jason Edwards/NGC; 34 (M), Emma Stokes WCS; 34-35, Michael Nichols/NGC; 35 (O M), Bruce Dale/NGC; 36, Brent Stirton/GI/NGC; 37, Georgina Gemmell; 38 (UL), Lori Epstein/NGC; 38 (UR), DaddyBit/IS; 38 (O M), Lori Epstein/NGC; 39 (UL), Tim Fitzharris; 39 (UR), Jokia/IS; 40, Lynsey Addario/NGC; 41, naes/IS; 42-43, Deepika Prasad; 43 (UR), Dr. Amitabh Joshi; 44 (B), Daniel Raven-Ellison; 45 (OL), Michael Nichols/NGC; 45 (UR), Lori Epstein /NGC **KAPITEL 3:** 46-47, Michael Nichols /NGC; 48-49, Michael Nichols /NGC; 50 (UL), Michael Nichols/NGC; 50 (UR), AfriPics.com /Alamy; 50 (O M), Denis-Huot/naturepl.com; 51 (UL), ivkuzmin/IS; 51 (M R), ElephantVoices; 52 (U), Terry Biddle; 53, The Elephant Sanctuary in Tennessee; 54-55 (A), Michael Nichols/NGC; 56 (OR), IFAW, the International Fund for Animal Welfare; 56 (M), International Fund for Animal Welfare; 56-57, Patricio Robles Gil/MP/NGC; 58, William Albert Allard/NGC; 59 (M L), Michael Nichols/NGC; 59 (OR), Michael Nichols/NGC; 59 (UR), Anup Shah/naturepl.com; 59 (UL), Ben Osborne/naturepl.com; 60 (UL), ElephantVoices; 60 (OR), Daniel Raven-Ellison; 61, T. N. C. Vidya **KAPITEL 4:** 62–63, Beverly Joubert; 64–65, Michael Nichols/NGC; 66–67, ElephantVoices; 68 (OR), Krithi Karanth/CWS; 68 (UL), Joel Sartore/NGC; 68 (UR), Lisa Hoffner/naturepl.com; 69 (UL), Jabruson/naturepl.com; 69 (UR), George F. Mobley/NGC; 70–71, Chris Johns/NGC; 72–73, Beverly Joubert/NGC; 73 (UR), Beverly Joubert/NGC; 74–75 (A) (OR), Daniel Raven-Ellison **KAPITEL 5:** 76–77, Tim Fitzharris; 78, Tom Lovell/NGC; 79 (M L), Rutchapong/IS; 79 (OR), hnijjar007/IS; 79 (M R), akg-images/André Held/Newscom; 79 (UL), vasa/Alamy; 80 (OR), courtesy Inkamba Nkulu Clement; 80, Michael Nichols/NGC; 81 (O), Maximilien Bruggmann; 81 (M), James P. Blair/NGC; 81 (M R), Victoria Waldock; 82–83, Randy Olson/NGC; 83 (OR), Steve Turner/GI; 84 (OR), courtesy Inkamba Nkulu Clement; 84–85, Jabruson/naturepl.com; 86-87, Photoshot Holdings Ltd/Alamy; 88, photo courtesy of the Performing Animal Welfare Society – PAWSweb.org; 89, Save Elephant Foundation; 90 (B), Daniel Raven-Ellison; 91, Chris Johns/NGC **KAPITEL 6:** 92–93, Tim Fitzharris; 94–95, Brent Stirton/GI/NGC; 95 (OL), Rebecca Hale, NGS; 96 (OR), Henry S. Dziekan III/Contributor/GI; 96–97, Tom Stoddart Archive/Contributor/GI; 98 (OR), Rebecca Hale, NGS; 98–99, Ariadne Van Zandbergen/Alamy; 99 (U), HeckerBob/IS; 100, Terry Biddle; 101 (M L), AP Photo/Wally Santana; 101 (OR), E Simanor/Alamy; 101 (UR), Lori Epstein /NGC; 102, IFAW, the International Fund for Animal Welfare; 103, NG PHOTOGRAPHER/NGC; 104 (B), Daniel Raven-Ellison; 105, Michael Nichols/NGC **RÜCKSEITEN:** 106–107, Michael Nichols/NGC; 107 (UR), David Sheldrick Wildlife Trust; 108 (UR), Frans Lanting/NGC

DANKESCHÖN

Ich danke meiner Familie – der alten und neuen – für eure unendliche Liebe und Unterstützung.

Besonderer Dank geht an Kate Olesin, JR Mortimer und das gesamte Team von National Geographic Children's Books, die dieses Buch möglich gemacht haben.

Daniel Raven-Ellison, Joyce Poole und alle Explorer, Forscher, Tierschützer und Organisationen, die in diesem Buch vorkommen – ich danke euch dafür, dass ihr eure Geschichten, Fotos und Erfahrungen mit mir geteilt habt.

Dank an Ajay Desai und Bhaskar Krishnamurthy – ihr wart mein Tor zur Welt der Asiatischen Elefanten.

Und ich danke allen Menschen auf der Welt, die mit unermüdlicher Leidenschaft sich der Erforschung und Rettung von Elefanten widmen – dieses Buch wäre ohne euer aller Bemühungen nicht möglich. —Ashlee Brown Blewett

Für Seb, Menah, Mushroom und alle Erdenbewohner. —Daniel Raven-Ellison

Seit ihrer Gründung 1888 hat sich die National Geographic Society weltweit an mehr als 12 000 Expeditionen, Forschungs- und Schutzprojekten beteiligt. Die Gesellschaft erhält Fördermittel von National Geographic Partners LLC, unterstützt unter anderem durch Ihren Kauf. Ein Teil der Einnahmen dieses Buches hilft uns bei der lebenswichtigen Arbeit zur Bewahrung unserer Welt. Das legendäre NATIONAL GEOGRAPHIC-Magazin erscheint monatlich. Darin veröffentlichen namhafte Fotografen ihre Bilder und renommierte Autoren berichten aus nahezu allen Wissensgebieten der Welt. National Geographic im TV ist ein Premium Dokumentations-Sender, der ein informatives und unterhaltsames Programm rund um die Themen Wissenschaft, Technik, Geschichte und Weltkulturen bereithält. Falls Sie mehr über National Geographic wissen wollen, besuchen Sie unsere Website unter www.nationalgeographic.de.

Titel der Originalausgabe: *Mission – Eleohant Rescue*

Deutsche Ausgabe veröffentlicht von:

WS White Star s.r.l. Mailand, 2018

Lizenznehmer von: National Geographic Partners, LLC

ISBN 978-88-540-3992-6
1 2 3 4 5 6 22 21 20 19 18

Gedruckt in Polen

Übersetzung und Redaktion: Dagmar Brenneisen